MAONIU
CHANGJIAN JIBING
ZHENDUAN YU FANGKONG

牦牛常见疾病
诊断与防控

主编 陈希文 尹 苗 吴 倩 姜立春

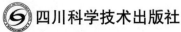
四川科学技术出版社

图书在版编目（CIP）数据

牦牛常见疾病诊断与防控/陈希文等主编.
-- 成都:四川科学技术出版社,2022.1
ISBN 978-7-5727-0181-8

Ⅰ.①牦… Ⅱ.①陈… Ⅲ.①牦牛－牛病－防治
Ⅳ.①S858.23

中国版本图书馆CIP数据核字(2022)第012901号

牦牛常见疾病诊断与防控

主　　编　陈希文　尹　苗　吴　倩　姜立春

出 品 人　程佳月
责任编辑　胡小华
责任出版　欧晓春
出版发行　四川科学技术出版社
　　　　　　成都市锦江区三色路238号　邮政编码 610023
　　　　　　官方微博:http://e.weibo.com/sckjcbs
　　　　　　官方微信公众号:sckjcbs
　　　　　　传真:028-86361756
成　　品　145 mm×210 mm
印　　张　9　字数　180　千
印　　刷　成都远恒彩色印务有限公司
版　　次　2022年7月第1版
印　　次　2022年7月第1次印刷
定　　价　38.00元
ISBN 978-7-5727-0181-8

邮购:成都市锦江区三色路238号新华之星A座25层　邮政编码:610023
电话:028-86361758

■ 版权所有　翻印必究 ■

编委会

主　　编　陈希文　尹　苗　吴　倩　姜立春

编写人员（排名不分先后）

陈希文　尹　苗　姜立春　吴　倩

向乾春　刘清清　李朝坤　彭中美

冀红柳　王婷婷　龙　梅　毛　雨

赵丽英　杨小芹　伍玉洁　孙　璐

霍　虎　刘　利

目　录

第一章　牦牛疾病防控现状与防控策略

中国是世界上拥有牦牛种群和数量最多的国家，占全世界牦牛总量的90%以上，主要分布于青海省、西藏自治区、新疆维吾尔自治区南部、甘肃省西北部和四川省西部等地。牦牛产业的健康发展对促进牧区经济发展和乡村振兴具有重要意义。随着人们生活水平的不断提高，对食品安全的重视程度也在不断加强，安全、无公害的畜产品日益受到人们的欢迎。但由于牧民养殖技术的相对落后，加之牦牛主要采用放牧饲养，疾病防控措施缺乏、操作困难，一旦染病则将对牦牛养殖业造成巨大的经济损失。

第一节　牦牛疾病防控现状

一、牦牛疾病现状

（一）传染病现状

1.口蹄疫免疫合格率较低，部分地区布鲁氏菌病仍不容忽视

傅义娟等对青海省40个县（市）牦牛、藏羊的口蹄疫、结核病、布鲁氏菌病（以下简称布病）检测发现，牦牛、藏羊平均抗体合格率均低于70%，群体保护性较差；奶牛结核病平均阳性率

0.05%，近几年阳性检出率呈稳步下降趋势；布病平均阳性率总体上牛高于羊。石琴等调查发现，天山牦牛的流产母牛中，布病阳性率为39.4%。袁立岗等对天山牦牛的调研检测发现，口蹄疫、结核病、布病的感染率分别为7.4%、2.7%、12.8%。

2.腹泻和呼吸道疾病的发病率提高

韩志辉等对252份牦牛血清样品的检测结果显示，青海省大通种牛场和海晏县的牦牛病毒性腹泻/黏膜病血清抗体阳性率分别为23.42%、19.86%。袁立岗等通过对6 833份血清、304份全血、50份病料的检测发现，造成新疆天山牦牛腹泻和呼吸道症状的主要疾病的感染率分别为牛冠状病毒病（100%）、牛病毒性腹泻（BVD）（52.0%）、牛副流感（85.0%）、牛传染性鼻气管炎（IBR）（81.9%）、牛呼吸道胞合体（20.0%）、支原体病（10.4%）。石琴等调查发现，BVD、IBR、牛副流感、牛冠状病毒病的牛群血清抗体总群阳性率为60%、80%、100%、100%。

3.其他病原的发病种类多，出现非典型病例

傅义娟等对青海省40个县（市）牦牛、藏羊的检测发现，牦牛、藏羊的衣原体血清平均阳性率分别为7.91%、6.47%，总体呈上升趋势。袁立岗等检测发现新疆天山牦牛附红细胞体感染，造成血细胞变形的比率为20.0%。刘东宇等通过血清学检测证实，西藏地区牦牛存在牛流行热病毒的感染，总阳性率为23.8%，且年龄、性别与该病的发生有密切关系，成年母牦牛最易感（46.2%）。另外，当气候环境变化时，巴氏杆菌、沙门氏菌、大肠杆菌等病原造成的病例也较多，而且值得注意的是巴氏杆菌引起的疾病出现非典型化，急性败血性病例减少，由慢性转为急性的病例比较普遍；而且由于分区域、分草场、分群放牧管理，使牦牛疫病的感染具有草场群居性特点，两种或两种以上疾病混合感染比较严重。马睿麟等于2013年对青海省27个县（市、区）种畜场的1 375份样品进行莱姆病抗体情况调查，结果显示，牛血清阳性率12.06%，羊血清阳性率9.98%，表明青海省可能存在莱姆病的自然疫源地。在调查研究中

还发现，牦牛使用了一些不属于国家强制免疫病种的疫苗，加上使用方法不当或未保定好动物，注射量达不到要求，或因牦牛注苗前保定工作消耗的时间太长，疫苗暴晒于阳光下失效，注射后达不到预防目的。

（二）寄生虫病现状

寄生虫感染严重，虫体种类复杂，防控难度高。调查发现，青海省贵南县2011～2014年牦牛棘球蚴病感染率为11.25%～26.67%，通过加强对棘球蚴病的宣传、春秋的驱虫工作以及牧羊犬的驱虫管理，疾病得到控制。扎西吉对青海省祁连县8个乡镇的家畜棘球蚴（包虫病）感染情况进行调查，结果发现牦牛的感染率为6.25%。雷萌桐等对青海祁连牦牛寄生虫病流行情况进行调查，除蹄部未检出寄生虫外，其余各脏器中均发现虫体，共检出寄生虫74种，隶属于4门、6纲、13目、24科、32属，其中线虫36种、绦虫蚴3种、绦虫3种、吸虫5种、锯齿状舌形线虫幼虫1种、原虫18种以及牛颚虱、草原革蜱、皮蝇蛆和蠕形蚤等9种外寄生虫，共检出虫体47 256条，单体荷虫数为1 476.8条，均为混合感染。李剑等对祁连地区牦牛皮蝇蛆病的流行病学调查结果显示，4个调查地区的寄生率维持在42.02%～47.71%，总寄生率为44.49%，总平均寄生强度4.62个，与20世纪80年代结果比较，平均寄生率上升30.08%。才尕对玉树州牦牛牛皮蝇蛆病的流行病学调查显示，随机调查的5 490头牦牛中检出阳性牛2 599头，感染率47.34%，平均感染强度2.89个/头，感染范围1～581个/头。在西藏牦牛群中，日喀则、昌都、拉萨、灵芝地区牦牛新孢子虫血清阳性率为4.69%～5.88%，四川红原地区牦牛新孢子虫血清阳性率为7.36%。何金桂等对甘肃天祝县牦牛弓形虫病的血清学调查结果显示，12个乡镇牦牛弓形虫抗体平均阳性率为24.18%。各乡镇因地域、气候等不同，阳性率存在差异，其中，塞斯什镇、天堂镇等3个乡镇阳性率高于50%；毛藏乡最低，为6.67%。

（三）普通病现状

牦牛普通病病例报道增多。牦牛是典型的高寒动物，是适应恶劣自然条件的物种，再加上藏族人民的习惯，对一些疾病采取顺其自然的原则，很多疾病得不到及时治疗。牦牛的一些普通病表现不明显，但是随着牦牛养殖模式的变化，牦牛不孕症、消化道疾病较为明显，病例报道也逐渐增多。

二、牦牛疾病防治技术现状

（一）缺乏疾病防控标准

疾病防控程序不规范是目前牦牛养殖的一个通病。目前大多数反刍动物的疾病防控标准以奶牛为主，而奶牛和牦牛的生存环境、养殖环境差异较大，所以一些疾病防控规范只能作为参考，实际可操作性差异较大。

（二）专业人员缺乏、技术推广较为困难

目前疾病诊断技术趋向轻简化，病毒抗原速测卡、寄生虫抗体速测卡等快速诊断技术的出现，大大减少了检测条件对诊断的制约。但由于牧区兽医从业人员缺乏，加之语言沟通不畅，必须通过翻译，一些专业知识难以顺利地被转译给当地牧民，增加了推广的难度。牦牛牧区主要在高原，气候严寒，地广人稀，当地饲养牦牛终年放牧，饲养管理方式极为粗放，很少归牧，导致技术推广无法集中，需分户教授，加大了推广的难度。

（三）逐渐依赖抗生素和化学药物

由于缺乏疾病防控标准，新型诊断技术运用相对较少，造成牧

民对待动物疾病处理方式相对简单。寄生虫病、腹泻、发热是牦牛的常发病。一旦出现该类病例，牧民会选择使用方便的抗菌药物来治疗，常用药物有磺胺嘧啶、青霉素、阿莫西林、链霉素、氟苯尼考。抗生素和化学药物的不规范使用，使得原本无耐药菌污染的"世界屋脊"也逐渐被攻陷。

第二节　牦牛疾病防控策略

一、加强兽医技术人员培训

目前，牧区兽医人员大多没有受过系统的兽医技能培训，且人数稀少，老龄化严重，人才青黄不接，并且兽医从业者之间的研究交流较少，处于半封闭状态。县级兽医部门应成立兽医协会，由全县从事兽医诊疗和相关生产活动的专业人员组成，负责组织全县兽医从业人员定期或不定期地开展兽医技术培训，或者定期不定期地组织现有兽医到科研机构培训，并在一定时间召开学术研讨会，编写有关的学术资料，交流推广防病治病的经验，提高牧区兽医从业人员的业务素质、医疗水平和服务质量；整合行业资源，规范行业行为，制订行业标准，促进牧区兽医行业的全面、健康发展。

二、加强饲养管理

健康的饮食和良好的生存环境是提高牦牛健康的关键。由于牦牛主要生活在牧草资源比较丰富的牧区，饲养的方式基本上都是放牧与舍饲相结合。在丰草季，及时让牦牛采食新鲜的青草，在枯草季及时对牦牛补饲精料，确保为牦牛提供充足营养。优质饲料对牦牛养殖非常重要，饲料中不仅要有足够的淀粉、蛋白质及糖类，还要有微量元素和矿物质，使各种营养素达到均衡。同时，对牛群的饲料进行集中采购，避免饲料受到污染，保证食物的卫生、清洁。干净、清洁的饮水对牛群非常重要，要避免养殖场中的粪便、垃圾对饮水造成污染，在寒冷的冬季，对牦牛的饮水进行加热，避免牛群直接饮用冷水，保证牛群饮水健康。要加强对饲养环境的控制，对牛群控制好温差，避免寒冷空气刺激牛呼吸道黏膜，同时控制好牛舍湿度、温度，保持良好的通风条件，定期对牛舍进行消毒，加强环境条件控制，减少环境中病原菌的数量，降低牛群患病的概率。

三、定期免疫接种，提高牛体的抵抗力

坚持预防为主的原则，定期接种相关疫（菌）苗，可以提高牦牛对相应疫病的抵抗力。注射何种疫（菌）苗，应由畜牧兽医部门依当地疫病的种类、发生季节和规律、流行情况等来决定，牧民应积极配合当地畜牧兽医部门定期对牦牛进行免疫接种。

四、建立牛群检疫制度

由于不同传染病在时间、地区及牦牛群中的分布特征、危害程度和影响流行的因素有一定的差异，因此要制定适合本地区的疫病防治计划或措施，必须在对该地区展开流行病学调查和研究的基础上进行。牧户若要从外地购进（引进）牦牛，应做好疫情的调查工作，了解原产地发生过何种疫病，并要征求业务部门的意见，确定安全后方可购入。购入的牛只必须经过检疫和健康检查，必要时隔离观察，确认无病后才能合群放养。

五、搞好消毒工作，消灭病原体

消毒是传染病预防措施中的一项重要内容，它可将养殖场、交通工具和各种被污染物体中病原微生物的数量减少到最低或无害的程度。通过消毒，能够杀灭环境中的病原体，切断传播途径，防止传染病的传播和蔓延。

定期消毒棚圈、设备及用具等。特别是棚圈空出后应彻底消毒，以消灭散布在棚圈内的微生物（或称病原），切断传播途径，使环境保持清洁，预防疾病的发生，保证牛群的安全。

（一）消毒的类型

消毒是指通过物理、化学或生物方法杀灭或清除环境中病原体的技术或措施。根据消毒的目的，可将其分为预防性消毒、随时消毒和终末消毒。

1. 预防性消毒

预防性消毒是指在平时的饲养管理中，定期对牦牛圈舍及牦牛群等进行的消毒。如阉割时的术部消毒，人员、车辆出入圈舍时的消毒，饲料、饮用水的消毒以及医疗器械如体温表、注射器、针头等的消毒等。

2. 随时消毒

随时消毒是指牦牛群中出现疫病或突然有个别牦牛死亡时，为及时消灭刚从患病牦牛体内排出的病原体而采取的消毒措施。适用于患病牦牛所在的圈舍、隔离场地以及被其分泌物、排泄物污染或可能污染的一切场地、用具和物品。患病牦牛的隔离舍应每天多次消毒，以防止病原体的扩散和传播。

3. 终末消毒

终末消毒是指在患病牦牛解除隔离（痊愈或死亡）时，或在疫区解除封锁前，为消灭牦牛隔离舍内或疫区内残留的病原体而进行的全面彻底的大消毒。也用于全进全出制的生产系统中，即牦牛群全部出栏后对场区、圈舍所进行的消毒。

（二）常用的化学消毒剂

1.生石灰

将生石灰加水（1 kg生石灰加水约350 mL），洒在潮湿的地面上消毒，消毒作用约保持6小时。

2.草木灰

干的草木灰消毒作用不大，常配成草木灰水使用。草木灰20 kg，加水100 kg，煮沸20～30分钟，边煮边搅拌，去渣后用其清液消毒棚圈、牛舍与地面。

3.烧碱（氢氧化钠、苛性碱）

将烧碱配制成1%～2%的热水溶液，用以消毒被口蹄疫、巴氏杆菌等污染的棚圈、牛舍、地面和用具。在同样浓度的热水溶液中，加入5%～10%的食盐，可增强对炭疽杆菌的杀灭效力。

4.福尔马林（40%的甲醛溶液）

福尔马林具有很强的消毒和防腐作用，0.8%的甲醛溶液可用于器械消毒，1%的溶液可用于牛体表的消毒。福尔马林还可以与高锰酸钾溶液混合熏蒸（雾）消毒。

5.其他消毒剂

（1）漂白粉。1%～2%的溶液，消毒非金属器具及饲槽。

（2）碘酊。2%～5%碘的酒精溶液，用于皮肤消毒。

（三）常用的消毒方法

1.蒸煮法

将金属器械、木质和玻璃用具、衣物等煮不坏的被污染物品放入锅中，加水浸泡，将水煮沸并保持15～30分钟，可杀灭大多数病原微生物及芽孢。煮沸1~2小时，可杀死所有的病原微生物。

2.浸泡法

主要用于器械、用具及衣物等的消毒。

3.喷洒法

用于牛舍地面及墙角、舍内的固定设备等的消毒。先铲、刮、清扫或洗刷，清除污物的同时，许多病原微生物也被清除，经通风晾干后，用细眼的喷壶喷洒药液，或用喷雾器对牛舍空间进行消毒。喷洒要认真、全面，使药液喷洒到舍内的每个角落或各处。

4.熏蒸法

一般用福尔马林加高锰酸钾消毒牛舍，40%的甲醛溶液与高锰酸钾按5∶3的比例混合，1 m²用18~36 mL。熏蒸牛舍或房屋时，门窗要关严，缝隙及有洞处要糊严，消毒至少要密闭12小时以上，驱散消毒气体后才能放进牛只。操作人员要尽量避免吸入这种气体。

所有与病牛接触过的棚圈、用具、垫草等，均用强消毒剂消毒。垫草、粪便要焚烧或深埋，牛舍用甲醛气熏蒸。严重污染地区最好将牛舍地面、圈地或运动场上的表层土铲去10~15 cm，并彻底消毒。牛舍的用具可移到舍外，在日光下曝晒3小时以上。

（四）消毒程序

根据消毒的类型、对象、环境温度、病原体性质以及传染病流行特点等因素，将多种消毒方法科学合理地加以组合而进行的消毒过程称为消毒程序。在高寒牧区，牦牛消毒程序的制定是根据牦牛的生产方式、主要流行的传染病、消毒剂的特点和消毒设备及设施的种类等因素确定的，通常为清除粪污、喷洒消毒剂、干燥等。

六、牦牛传染病控制的一般性措施

（一）加强相关人员的防疫知识和兽医法规教育

这项工作在牧区特别重要。牦牛的饲养管理较为粗放，受多种因素的影响，牧民的防疫知识水平较低。动物传染病预防知识和技术的普及状况，人们的法律意识、经济状况和文化素质等社会因素对传染病的发生和流行具有很大影响，同时也是控制和消灭牦牛传染病的重要因素。因此，加强兽医法律法规的宣传，强化牦牛防疫的法律意识，加强牧民对牦牛疫病预防知识的宣传教育和技术指导，提高牦牛防疫的技术水平和防疫意识，强化兽医及养殖从业人员的岗位培训和职业道德教育，是牦牛传染病防治工作中一项非常重要的内容。

（二）强化牦牛群的饲养管理

影响疾病发生和流行的饲养管理因素，主要包括饲料营养、饮水质量、饲养密度、防暑或保温、粪便和污物处理、环境卫生和消毒、牦牛圈舍管理、生产管理制度、技术操作规程以及患病牦牛隔离、检疫等内容。这些外界因素常常可改变牦牛群对病原体的一般抵抗力，影响牦牛群产生特异性的免疫应答，使牦牛机体表现出不同的状态。

由于各种应激因素长期持续作用，达到或超过牦牛能够承受的临界点时，可以导致机体的免疫应答能力和抵抗力下降而诱发或加重疾病。因此，牦牛传染病的综合防治工作不能只把注意力都集中到传染病的控制和扑灭措施上，还应重视在饲养管理条件和管理制度上的改善和加强。实践证明，规范的饲养管理，是提高养殖业经济效益和兽医综合性防疫水平的重要手段。在饲养管理制度健全的养殖场中，牦牛群体的生长发育良好，抗病能力强，人工免疫的应答能力高，外界病原体侵入的机会少，因而疫病的发病率及其造成的损失相对较小。

（三）加强疫病控制措施

疫病控制是指通过采取各种方法，降低已经存在于牦牛群中某种传染病的发病率和死亡率，并将该种传染病限制在局部范围内加以就地扑灭的防疫措施。它包括患病牦牛的隔离、消毒、治疗、紧急免疫接种或封锁疫区、扑杀传染源等方法，以防止疫病在牦牛群中蔓延。因此，从理论上说，疫病控制具有疫病预防和疫病扑灭的含义。

传染病发生时的扑灭措施包括：

（1）疫情发生后，应及时对患病牦牛群采取隔离、检查和诊断措施。

（2）对牦牛的污染场所进行紧急消毒处理，应立即采取以封锁疫区和扑杀传染源为主的综合性防疫措施。

（3）疫区周围的牦牛群立即进行紧急免疫接种，并根据疫病的性质对患病牦牛进行及时、合理的治疗或处理。

（4）死亡或淘汰的牦牛或其尸体应按法定程序进行处理，同时全面系统地对周围牦牛群进行检疫和监测，以发现、淘汰或处理各种病原体携带者。

传染病的消灭除取决于宿主范围、病原体携带及排毒状态、免疫力的持续期、病原血清型、亚临床感染以及疫苗的效果外，还受各种社会因素的影响，因此，只要经过长期不懈的努力，在限定地区内消灭某种牦牛传染病是完全能够实现的。

参考文献

[1] 张玉芳，蔡相银.青海农区育肥牦牛疾病调查与综合防控对策[J].中国奶牛，2020（10）：55-58.

[2] 王旭荣，张凯，王磊，等.牦牛与藏羊疾病防控现状与思考[J].中兽医医药杂志，2017，36（06）：82-85.

[3] 马成贵.牦牛疾病的防控措施[J].中国畜牧兽医文摘，2017，33（07）：118.

[4] 殷铭阳，周东辉，刘建枝，等.中国牦牛主要寄生虫病流行现状及防控策略[J].中国畜牧兽医，2014，41（05）：227-230.

[5] 旦周多杰.牦牛常见传染病和寄生虫病的防治策略分析[J].农家参谋，2021（10）：138-139.

第二章 牦牛常见病毒性传染病的诊断与防控

第一节 牦牛口蹄疫

口蹄疫是偶蹄动物的一种急性、热性、高度接触性传染病，对畜牧业危害极大，是影响动物生产及其产品国际贸易的主要疾病之一。此病目前在易感动物群中，传播速度极快，传染范围极广，一旦有牦牛感染此病，将给整个养殖业带来不可挽回的经济损失。

一、病原

1.病原

口蹄疫病毒（FMDV），属于RNA病毒科，口疮病毒属。FMDV粒子表面衣壳蛋白是FMDV抗原性和免疫原性决定多肽，包括VP1、VP2、VP3和VP4这4种结构蛋白。其中VP1蛋白大部分暴露在病毒表面，是决定病毒抗原性的主要成分，而且在4种结构蛋白中仅有VP1能诱导动物产生中和抗体，VP1第140-160和200-213位氨基酸残基是FMDV的主要抗原位点，也是突变热点区域。依据动物交叉免疫试验和血清学试验，可将口蹄疫划分为7个血清型，即O、A、

C、Asial、南非（1、2、3）型。且每一血清型又可分为若干亚型，目前已发现的亚型共有65个。其中Asial型通常只发生于亚洲。上述7个血清型间的抗原性有明显差异，且型间无交叉免疫作用。人类也可感染口蹄疫，其中较多见的为O型。我国口蹄疫的病毒型主要为O型、A型和Asial型。

2.分子特征

病毒基因组为单股正链RNA，全长约8 500个核苷酸（nt），由5′端非编码区（5′-NCR）、开放阅读框（ORF）和3′端非编码区（3′-NCR）组成。5′-NCR和3′-NCR包含了与基因表达和病毒复制有关的顺式作用元件，距离基因组5′末端约400 nt处有特征性的poly C序列，poly C的长短与病毒的毒力有关。在ORF起始密码子的上游有内部核糖体进入位点（IRES），小RNA病毒科病毒可以借助IRES进行非帽子依赖性的翻译。ORF编码病毒多聚蛋白，它们依赖于自身编码的蛋白酶（L、2A、3C）及少数的宿主因子，经过3级裂解后，形成病毒结构蛋白（VP1、VP2、VP3和VP4）和非结构蛋白（L、2A、2B、2C、3A、3B、3C和3D）。VPI、VP2、VP3和VP4四种结构蛋白，组装成病毒衣壳；L蛋白通过裂解起始因子elF4G来终止宿主细胞蛋白的合成；2A蛋白能诱导PI/2A的释放；2B蛋白会造成细胞核周围内质网ER蛋白的累积，提高膜的渗透性，引起细胞病变；2C蛋白高度保守，具有ATPase和RNA结合活性，在感染细胞中与膜囊泡的形成有关；2BC蛋白可以阻止宿主细胞蛋白质转运进而抑制其加工修饰；3A是一种与膜相关的蛋白，与宿主嗜性有关；3B编码了3种不同拷贝的VP g蛋白，可充当引发RNA复制的引物和病毒衣壳化的信号，其拷贝数与口蹄疫病毒毒力密切相关；3C为丝氨酸蛋白酶，负责细胞组蛋白h3和真核翻译起始因子elF4G和elF4A的裂解，影响宿主细胞基因组的转录；3D是一种RNA依赖的RNA聚合酶，可以催化病毒RNA的合成。

二、流行病学

1.易感动物

口蹄疫可侵害多种动物，偶蹄动物更为易感，其中黄牛、奶牛最易感，其次是牦牛、水牛和猪，再次是绵羊、山羊、骆驼等。黄羊、野羊、野牛、野猪和鹿等野生动物也有发病的报道。一般幼畜较成年家畜易感。

2.传播途径

口蹄疫传播媒介多样，可直接接触、间接接触、气源性传播等。病牛与健康易感牛可通过直接接触而感染；病牛的分泌物、排泄物可造成饲料、草场、水源等污染，通过消化道及受损伤的皮肤黏膜而引起易感动物间接接触而传染；空气也是口蹄疫的重要传播媒介，可发生远距离的气源性传播。

3.传染源

病牛或带毒牛；被污染的垫料、地面等；被污染的河流和池塘的水；病毒气溶胶。

4.流行特点

本病不分年龄和季节，呈散发或地方流行性，牧场呈大规模流行。该病具有周期性，表现为秋冬开始、冬春加剧、春末减缓、夏季平息的规律。牦牛感染口蹄疫病毒的潜伏期一般在4天左右，最长不超过1周。幼犊感染，会引起肠卡他，严重的导致心脏麻痹。最易感染口蹄疫的动物为偶蹄兽，且其较易在不同牲畜之间交叉感染。但在某些口蹄疫流行的案例中，也有只感染猪而不感染牛羊或不感染猪只感染牛羊的现象发生。由于病毒类型不同，每个单独的病毒型都可能引起牲畜的发病，且第1次感染地区的发病率可达100%，而老疫区的发病率则在50%以上。同时，在流行过程中，病毒还可能会发生变异，从而给防治和消灭口蹄疫带来一系列复杂的问题。

三、临床症状

1.症状特征

有2~4天的潜伏期，最长7天，发病急，流行快，传播广，发病率高，但死亡率低，多呈良性经过。

2.发病初期

病畜表现为高热，病牛体温升高达40~41℃，精神沉郁，目光呆滞，食欲下降，流涎，开口时有吸吮声。24小时后口腔黏膜出现黄豆粒大的水疱，有时融合至核桃大，颜色由淡黄色变为灰白色。

3.发病中后期

口腔温度较高，流涎增多，呈白色泡沫状，常悬挂在嘴角，随采食和饮水停止。水疱约经24小时破溃，黏膜形成红色的糜烂病灶，体温常开始下降至正常，随着糜烂黏膜的自我修复，整体症状逐渐好转。如果继发细菌感染，糜烂形成溃疡，愈合后形成瘢痕。有时并发纤维素性坏死性口炎、胃肠炎。口腔出现病变之后或同时，患牛跛行，趾间及蹄冠上出现红肿，之后形成水疱、破溃、糜烂，或干燥形成结痂，然后愈合。如继发感染糜烂部位发生化脓、坏死，病牛出现严重的运动障碍，不能长时间站立，跛行，喜卧，甚至蹄匣脱落、变形，卧地不起。乳头皮肤有时出现水疱，很快破裂形成烂瘢。

该病一般呈良性经过，病程约1周，蹄部感染较严重的，病程可长达3周或更长时间。有的病例，水疱部位的组织在修复的过程中，病情突然恶化，病牛全身虚弱，肌肉震颤，心率加快，反复性节律不齐，反刍停止，食欲废绝，行走摇摆，站立不稳，常因心肌麻痹而导致心衰突然死亡。多见于牛犊，孕牛可发生流产。吮乳的牛犊感染口蹄疫病毒时，临床症状不明显，主要为出血性肠炎和心肌麻痹，其死亡率很高。

四、病理变化

良性口蹄疫是最多见的一种病型，多呈良性转归，病畜很少死亡。组织学变化主要表现为皮肤和皮肤型黏膜的棘细胞肿大，变圆而排列疏松，细胞间有浆液性浸出物积聚，随后随病程发展，肿大的棘细胞发生溶解性坏死直至完全溶解，溶解的细胞形成小泡状体或球形体，故称之为泡状溶解或液化。口蹄疫水疱破溃后遗留的糜烂面可经基底层细胞再生而修复。如病变部继发细菌感染，除了感染局部有化脓性炎症外，还可见肺脏的化脓性炎、蹄深层化脓性炎、骨髓炎、化脓性关节炎及乳腺炎等病变。

恶性口蹄疫病例多是由于机体抵抗力弱或病毒致病力强所致的特急性病例，本型病例的主要剖检变化在于心肌和骨骼肌，口腔多无水疱与糜烂病变，故诊断较困难。成年动物骨骼肌变化严重，而幼畜则心肌变化明显。心肌主要表现为稍柔软，表面呈灰白、浑浊，于室中隔、心房与心室面散在有灰黄色条纹与斑点样病灶，好似老虎身上的斑纹，故称"虎斑心"。镜检见心肌纤维肿胀，呈明显的颗粒变性与脂肪变性，严重时呈蜡样坏死并断裂，崩解呈碎片状。病程稍长的病例，在病性肌纤维的间质内可见有不同程度的炎性细胞浸润和成纤维细胞增生，并有钙盐沉着。骨骼肌变化多见于股部、肩胛部、前臂部和颈部肌肉，病变与心肌变化类似，即在肌肉切面可见有灰白色或灰黄色条纹与斑点，具斑纹状外观。镜检可见肌纤维变性、坏死，有时也有钙盐沉着。软脑膜充血、水肿，脑干与脊髓的灰质与白质常散发点状出血，镜检见神经细胞变性，神经细胞周围水肿，血管周围有淋巴细胞和胶质细胞增生围绕而具"血管套"现象，但噬神经细胞现象较为少见。

五、诊断

口蹄疫根据流行病学、临床症状和病理变化特点一般即可做出初步诊断，确诊需进行实验室的病原学诊断，参见口蹄疫诊断技术国家标准（GB/T18935—2003）。牛口蹄疫应注意与牛瘟、牛黏膜病、牛恶性卡他热和传染性水疱性口炎鉴别。

1.牛食道-咽部分泌物（O-P液）的病毒检查试验

（1）样本采集、保存与处理

①样本采集：被检动物在采样前禁食12小时，采样用经2%柠檬酸或2%氢氧化钠浸泡消毒和自来水冲洗的特制探杯。采样时动物站立保定，操作者左手打开牛口腔，右手握探杯，随吞咽动作将探杯送入食道上部10～15 cm处，轻轻来回移动2～3次，然后将探杯拉出。每采完一头动物，探杯都要进行消毒和清洗。

②样本保存：将采集到的8～10 mL O-P液倒入容量25 mL以上，事先加有8～10 mL细胞培养维持液，或0.04 mol/L PB（pH值为7.4）的灭菌容器如广口瓶、细胞培养瓶或大试管中。加盖翻口胶塞后充分摇匀。贴上防水标签，并写明样品编号、采集地点、动物种类、时间等，尽快放入装有冰块的冷藏箱内，然后转往-60℃冰箱保存。

③样本处理：先将O-P液样品解冻。在无菌室内将O-P液（1份）倒入100 mL灭菌塑料离心管内，再加入不少于该样品1/3体积的三氯三氟乙烷（TTE）。用高速组织匀浆机1 000转/分搅拌3分钟使其乳化，然后3 000转/分离心10分钟。将上层水相分装入灭菌小瓶中，作为RT-PCR检测萃取总RNA或分离病毒（接种细胞管）的材料。

（2）病毒分离培养

①制备单层细胞：按常规法将仔猪肾细胞（IBRS-2）或幼仓鼠肾（BHK-21）传代细胞分装在25 mL培养瓶中，每瓶分装细胞悬液5 mL，37℃静止培养48小时。接种样品前挑选已形成单层，且细胞形态正常的细胞瓶。

②样品接种：每份样品接种2～4瓶细胞；另设细胞对照2～4瓶。接种样品时，先倒去细胞培养瓶中的营养液，加入1 mL已经

TTE处理过的O-P液，室温静置30分钟，然后再加4 mL细胞维持液（pH值为7.6～7.8）。细胞对照瓶不接种样品，倒去营养液后加5 mL细胞维持液。37℃静止培养48～72小时。

③观察和记录：每天观察并记录。如对照细胞单层完好，细胞形态基本正常或稍有衰老，接种O-P液的细胞如出现口蹄疫病毒典型细胞病变效应（CPE），及时取出并置-30℃冻存。无CPE的细胞瓶观察至72小时，全部-30℃冻存，作为第1代细胞/病毒液再作盲传。

④盲传：将第1代细胞/病毒液1 mL接种单层细胞培养物，吸附1小时加4 mL细胞维持液。37℃静止培养48～72小时，接种后每天观察1～2次。对上一代出现可疑CPE的样品更要注意观察。记录病变细胞形态和单层脱落程度，及时收集细胞/病毒液以备进行诊断鉴定试验。未出现CPE的观察至72小时，置-30℃冻存，作为第2代细胞/病毒液，再作盲传。至少盲传3代。

（3）结果判定

以接种O-P液样品的细胞出现典型CPE为判定依据。凡出现CPE的样品判定为阳性，无CPE的为阴性。为了进一步确定分离病毒的血清型，将出现CPE的细胞/病毒液做间接夹心ELISA试难确定血清型。或接种3～4天乳鼠，视乳鼠发病及死亡时间盲传1～3代。再以发病致死乳鼠组织为抗原材料做微量补体结合试验，鉴定病毒的血清型。

2.液相阻断-酶联免疫吸附试验（LpB-ELISA）

（1）材料

①样品采集：无菌采血，每头不少于10 mL。自然凝固后无菌分离血清装入灭菌小瓶中，可加适量抗生素，加盖密封后冷藏保存。每瓶贴标签并写明样品编号、采集地点、动物种类、时间等。

②所需试剂：超纯水、无离子水；包被缓冲液（pH值9.6）：试剂盒配备的碳酸盐缓冲液胶囊1粒，小心打开，将胶囊内的粉末倒入100 mL无离子水中即可，4℃存放，1月内有效；洗涤液（PBST）：试剂盒配备的25倍浓缩PBST液用无离子水或蒸馏水做1∶25稀释，

用NaOH调节其pH值至7.4；底物溶液：取1片柠檬酸-碳酸盐缓冲液片剂（试剂盒配备）溶于100 mL无离子水中，溶化后取50 mL溶液，再加1片邻苯二胺（OPD）片剂，充分溶解，分装（5 mL/瓶或10 mL/瓶），避光-20℃保存，用前避光溶化，临用时每10 mL上述溶液加100 μL本试剂盒配备的3%的双氧水。

③捕获抗体：用不同血清型的口蹄疫病毒146 S抗原的免抗血清，将该血清用pH值为9.6的碳酸盐/重碳酸盐缓冲液稀释成最适浓度。

④抗原：用BHK-21细胞培养增殖口蹄疫毒株，并进行预滴定，以达到某一稀释度，加入等体积稀释剂后，滴定曲线上限大约为1.5，稀释剂为含0.05%吐温-20、酚红指示剂的PBS（PBST）。

⑤检测抗体：豚鼠抗口蹄疫病毒146 S血清，预先用NBS（正常牛血清）阻断，稀释剂为含0.05%吐温-20、5%脱脂奶的PBS（PBSTM），将该检测抗体稀释成最适浓度。

⑥酶结合物：兔抗豚鼠IgG-辣根过氧化物酶结合物，用NBS阻断，用PBSTM稀释成最适浓度。

（2）试验程序

①包被：ELISA板每孔用50 μL兔抗病毒血清包被，室温下置湿盒过夜。

②洗涤：用PBS液洗板5次。

③加被检血清：在另一酶标板中加入50 μL被检血清（每份血清重复做2次），2倍连续稀释起始为1∶4。

④加抗原：向被检血清酶标板中加抗原，每孔内加入相应的同型病毒抗原50 μL，混合后置4℃过夜，或在37℃孵育1小时，加入抗原后使血清的起始稀释度为1∶8。将50 μL的血清/抗原混合物转移到兔血清包被的ELISA板中，置37℃孵育1小时。用PBS液洗板5次。

⑤加抗血清：每孔滴同型病毒抗原的豚鼠抗血清，置37℃孵育1小时。用PBS液洗板5次。

⑥加酶结合物：每孔加 50 μL 酶结合物，置 37℃孵育 1 小时。用 PBS 液洗板 5 次。

⑦加显色底物：每孔加 50 μL 3% 质量浓度的邻苯二胺。

⑧加终止液：加 50 μL 1.25 mol/L 硫酸中止反应，15 分钟后，将板置于分光光度计上，在 492 nm 波长条件下读取光吸收值。每次试验时，设立强阳性、弱阳性和 1:32 牛标准血清以及没有血清的稀释剂抗原对照孔，阴性血清对照孔。

（3）结果判定

抗体滴度以 50% 终滴度表示，即该稀释度 50% 孔的抑制率大于抗原对照孔抑制率均数的 50%。滴度大于 1:40 为阳性，滴度接近 1:40，应用病毒中和试验重检。

六、防治措施

1.日常防控措施

降低此病的易感率，日常落实好综合防控措施，极为重要和关键。

（1）减少与病牛接触

制定严格的卫生防疫制度，避免带毒牛、污染品等混入牛群而加重此病的扩散蔓延。严格封闭化管理，注意车辆、人员、用具等的消毒，营造安全、洁净、卫生的养殖环境。注意喂料安全，禁用霉变饲料。条件允许的，坚持自繁自养。对不同阶段牦牛，采取对应的养殖管理措施。严格引种检疫，引进后隔离饲喂 2 周，确保健康无病患后方可混入大群饲喂。日常留意牛群变化，发现有疑似病例，务必及时隔离，做好应急防控管理预案，避免病情的恶化。

（2）制定严格的消毒计划

日常落实好消毒管理工作，是预防各种病害发生的关键因素。为此，应根据养殖实际情况，制定严格的消毒计划。注意的是，不建议长期单一用一种消毒药剂，注意几种消毒药剂的轮换使用，避免耐药性的形成，对于疫点疫区要严格消毒，粪便要堆积发酵；地面、用具以1%~2%火碱水、10%石灰乳、30%草木灰水或1%~2%福尔马林喷洒消毒；牦牛皮用环氧乙烷或甲醛蒸气消毒，肉品用2%乳酸、0.05%过乙酸或自然熟化产酸处理（通常情况下，在10~20℃环境下经过0.5~1天，使肉制品中的pH值降到5.5以下，所感染疫病的病毒就会很快死亡）。

（3）规范接种疫苗管理工作

通过接种疫苗增强抗病体质，是降低口蹄疫感染的重要措施。此病常年流行疫区，可选择地方流行性毒株疫苗接种。目前国内较普遍使用的接种疫苗，有口蹄疫O型-亚洲I型二价灭活疫苗、口蹄疫O型-A型二价灭活疫苗和口蹄疫A型灭活疫苗、口蹄疫O型-A型-亚洲I型三价灭活疫苗，经试验接种目前有不错的效果。具体接种程序的制定，应根据地方口蹄疫流行而定。条件允许的，应配合免疫抗体检测选择合适接种程序。

（4）规范接种疫苗抗体检测制度

规范接种程序后，应密切关注抗体效度，发现有漏免情况，做好补免，确保免疫整齐度。针对亚洲I型口蹄疫采用液相阻断ELISA。O型口蹄疫：灭活类疫苗采用正向间接血凝试验、液相阻断ELISA，合成肽疫苗采用VP1结构蛋白ELISA。A型口蹄疫：液相阻断ELISA。抗体效果的检测，在确保免疫整齐度的前提下，还能结合未免疫毒株的抗体检测结果分析当前牦牛口蹄疫的流行情况。

2.治疗方法

患良性口蹄疫的牛，一般经1周左右多能自愈。为了缩短病程，防止继发感染，使病牛早日痊愈，在隔离及加强护理条件下，应同时给予对症治疗。如病牛口腔、蹄部、乳腺等处，有水疱、糜烂等症状时，应在先清洗阴干后涂抹碘甘油、冰硼散、抗生素软膏等。在对症治疗的基础上，同时做好补液、强心、解毒、利尿等康复措施，以缩短康复疗程。

（1）对口腔病变，可用清水、食盐水或0.1%高锰酸钾液清洗，后涂以1%~2%明矾溶液或碘甘油（碘7g，碘化钾5g，酒精

100 mL，溶解后加入甘油 100 mL），也可涂撒中药冰硼散（冰片 15 g，硼砂 150 g，芒硝 150 g，共研为细末）于口腔病变处。

（2）蹄部水疱或溃疡面可用 3% 来苏尔和双氧水混合，对患病部位进行清洗。然后涂松馏油或者是鱼石脂软膏，或氧化锌鱼肝油软膏，或用煅石膏混合锅底灰（各占 50%），加少量食盐，研末，撒在患病部位。对于乳腺，可先用温肥皂水或者是 2%～3% 硼酸水进行清洗，然后再涂上青霉素软膏、红霉素软膏等。

（3）对乳腺病变者可先用肥皂水或 2%～3% 硼酸水清洗，后涂以青霉素软膏或其他刺激性小的防腐软膏。同时，要注意定期挤奶，预防乳腺炎的发作。此外，对于全身症状的患牛，要根据病症进行强心、补液等针对性治疗。恶性口蹄疫除局部治疗外，可应用强心剂和补液，如安钠咖、葡萄糖生理盐水等。

在紧急情况下，尚可应用口蹄疫高免血清或康复动物血清进行被动免疫，按每千克体重 0.5～1 mL 皮下注射，免疫期约 2 周。中药方剂治疗：贯众 25 g，甘草 15 g，木通 20 g，桔梗 20 g，赤芍 15 g；生地 10 g，花粉 15 g，荆芥 20 g，连翘 20 g，大黄 20 g，牡丹皮 15 g。共同研末，加蜂蜜 250 g 为引，煎水内服，有奇效。

3.疫情紧急处理

发现疫情，及时上报。积极隔离，加强护理，严格消毒，尽量用最短的时间消灭疫情。病畜隔离治疗，养殖点封锁隔离，全面彻底地消毒。可用的消毒药剂有 0.2% 过氧乙酸、卫康、农福等，均有不错的效果，消毒每天 2 次。养殖外环境，用 2% 火碱消毒，灭菌效果好很多。诊治无效的病死畜一律无公害化处理，深埋或焚烧，同时彻底消毒。病畜隔离期间，加强病畜护理，积极施治。加强护理期间，病畜多供给清洁饮水。精心护理，改善饲喂条件，多补充柔软的饲草。吃食较困难的病畜要耐心饲喂，多补充易消化食物，甚至借助胃管导入。临床施治，对症疗法是关键。口腔溃烂，用碘甘油涂抹；蹄部感染，用 3% 臭药水洗涤，阴干后，涂抹松馏油，然后用绷带包扎；乳腺感染，用肥皂水洗涤，待干后，涂抹青霉素软膏，或甲紫溶液、碘甘油等。同时，加强乳腺护理，定期挤出乳汁，避免发生乳腺炎。待最后1头病畜痊愈，或经无公害化处理后2周，无新增病例出现时，经彻底消毒处理后，方可解除封锁。

参考文献

[1] 才代阳.牦牛口蹄疫的诊断与防治[J].中国畜牧兽医文摘，2016，32（06）：176.

[2] 桑巴.牦牛口蹄疫的病因及防治[J].中国畜牧兽医文摘，2016，32（04）：214.

[3] 王荣英，张小虎.牦牛口膜炎与牛口蹄疫的鉴别诊断及防治[J].中国畜牧兽医文摘，2016，32（12）：158.

[4] 巴桑吉.牦牛口蹄疫的防控措施[J].中国畜牧兽医文摘，2018，34（06）：202.

[5] 张军良.牦牛口蹄疫的病例报告[J].中国畜牧兽医文摘，2013，29（08）：122.

[6] 周建华，丛国正.口蹄疫病毒对牦牛持续性感染的分析[J].浙江农业科学，2007（04）：468-471.

[7] 何洪彬，王洪梅，周玉龙.牛常见传染病及其防控[M].北京:中国农业科学技术出版社，2017.

[8] 薛增迪.牛羊生产与疾病防治[M].咸阳:西北农林科技大学出版社，2005.

第二节 牦牛牛瘟

牛瘟又称烂肠瘟、胆胀瘟，是由牛瘟病毒所引起的一种急性高度接触性传染病。其临床特征表现为体温升高，病程短，黏膜特别是消化道黏膜发炎、出血、糜烂和坏死。该病的发生会极大地影响畜牧业的发展以及畜产品的出口，曾给亚非等许多国家的畜牧业造成了严重经济的损失。OIE将其列为A类疫病，也是我国法定一类动物传染病和进境动物一类传染病。

一、病原

1. 病原

牛瘟病毒（RPV）与犬瘟热病毒（CDV）、人麻疹病毒（MV）、小反刍兽疫病毒（PPRV）同属于副黏病毒科麻疹病毒属，是一种高度传染性和急性发热性疾病，以口腔溃疡、胃肠坏死、腹泻、脱水和最终死亡为特征，主要侵染反刍兽，感染率达60%～90%，死亡率90%以上。牛瘟病毒只有一个血清型，但从地理分布和分子生物学角度分析，牛瘟病毒有三种类型，分别为亚洲型、非洲型和非洲2型。

2. 形态和培养特征

病毒形态为多形性，完整的病毒粒子近圆形，也有丝状的，直径一般为150～300 nm。病毒颗粒的外部是由脂蛋白构成的囊膜，其上饰以放射状的短突起或钉状物，主要是融合蛋白F和血凝蛋白H；内部是由单股RNA组成的螺旋状结构，螺旋直径约18 nm，螺距5～6 nm。在实验动物中，本病毒的一些毒株能适应于家兔；实验室保存的毒种和野外毒株都可在牛、绵羊、山羊、兔、仓鼠、小鼠、大鼠、猴和人类的肾细胞的原代和传代培养物中获得良好繁殖，并且产生细胞病变，但马、犬和豚鼠的易感性较低；通过静脉、绒毛尿囊或卵黄囊接种，病毒也可在鸡胚中生长。

3. 生化特性及抵抗力

病毒对环境的抵抗力不强，对日光、温度、腐败和消毒剂抵抗力很弱。一般来说，阳光紫外线照射就可使其失去活性，故在体外不能长期存留。普通的消毒药如石炭酸、石灰乳等均易将病毒杀死，常用消毒剂可在短时间内杀灭病毒，特别是碱性的消毒药物，如浓度在1%的氢氧化钠溶剂15分钟就可将其灭活。不同毒株对pH值的稳定性有差别，大多数在pH值为4.0以下时灭活。病毒在pH值为4.0～10.0条件下稳定，在4℃ pH值为7.2～7.9条件下最稳定，其半衰期为3.7天。病毒对温度敏感，37℃牛瘟病毒感染力的半衰期为1~3小时，56℃ 60分钟或60℃ 30分钟能被灭活，病毒在70℃以上的温度下可被迅速灭活，但病毒对低温抵抗力强，在冰冻组织或组织悬液中至少能保存1年。

二、流行病学

1.流行特征

该病有明显的季节性和周期性，一般每年的12月份和次年4月份是该病的流行季节。另外，该病的发病率及病死率都很高，发病率近100%，病死率可达90%以上。

2.传染源

无明显症状处于潜伏阶段的患病牛与发病牛的排泄物和口鼻分泌物中含有许多牛瘟病毒，如唾液、鼻分泌物、尿液及粪便等都有传染性。牛瘟病毒也可以通过病牛的飞沫和蚊虫叮咬方式间接传播，特别是鼻的分泌物中牛瘟病毒含量特别高，可以经过牛消化道系统或者直接接触感染。除病牛外，带有牛瘟病毒的家禽、犬类、猫科类、饮水、饲料等均可间接传播，不过受牛瘟病毒自身较低的抵抗力影响，这些间接传播可能性极小。

3.传播途径

主要传播途径是易感动物与感染动物排泄物或者分泌物直接接触导致感染病毒。感染动物的尿液、唾液、粪便、呼出气体、精液等物质中都含有一定量的病毒。交通线是病毒传播流行的一大途径，其中较轻病毒症状的地区会通过感染动物释放出大量病毒，导致牛瘟病毒快速传播，易感群体更加容易患病。

4.易感动物

水牛、绵羊、山羊等蹄类动物均易感。其中黄牛最不容易感染，牦牛最容易感染，亚洲猪也是一种较为容易被感染的动物，在感染后能够将牛瘟病毒传播给牛。骆驼也会感染牛瘟病毒，但是不会出现明显症状，也无法作为载体把病毒传染给别的动物。

三、临床症状

动物一旦感染此病，内脏黏膜就会出现出血症状，或发生卡他性炎症。同时，大多数动物也会有口腔、胃肠道等炎症，死亡率很高。病毒的传播途径和特征也会影响临床症状的出现时间，可延长至2周，但大多数受感染动物在接触病毒载体后3周内才有感觉。根据相关研究，牛瘟的病理过程一般分为病毒潜伏期、病前期、黏液分泌期和疾病恢复期4个阶段。

1.典型症状

表现为体温急速升高到42℃左右，开始病牛表现为兴奋，具有一定的攻击性，但随后就表现为精神不振，食欲下降，鼻镜干燥，饮欲增加，反刍次数减少或不反刍；排粪次数减少，粪便干燥，排尿量减少，尿液颜色变深；呼吸和心跳都加快；眼结膜表现为潮红，眼睑出现不同程度的肿胀和流泪，并可见有脓性分泌物，颜色为灰色或棕色；口腔黏膜出现潮红，后逐渐变为灰色或并有小的突起，表面时常覆盖一层假膜，膜下可见有出血和溃烂。母牛表现为阴户红肿，有黏脓性的分泌物排出，还可见其中含有血液。在发病后期，病牛迅速消瘦，眼无神，有脓性眼垢，常不断呻吟，排便由干变稀，甚至是水样粪便，后期会有一些抽搐等神经症状，最后出现死亡，病程为1周以内。

2.非典型症状

病牛表现为兴奋，不停地摇头、走动、踩踏地面，甚至会有一些攻击性的行为，而后迅速转变为沉郁。待发病后的2～3天，病牛的乳腺或阴囊等处的皮肤会出现小的出血点，而后逐渐表现为腹泻等症状，这时股内或会阴以及口腔和鼻腔周围的皮肤就会出现一些小的丘疹，甚至是脓性疹，等到其破裂后，里边会流出棕黄色的液体，最后形成痂块脱落。也有的发病牛不表现出发热和口腔糜烂的症状，甚至有可能不发生腹泻，但可以检测出牛瘟病毒，具有一些牛瘟的症状。

四、病理变化

对患病牛进行解剖，其病理剖检变化主要表现为病牛的大部分器官和组织呈现出严重的点状出血、出血性浸润、体腔内出血和黏膜浅层坏死等变化，整个消化道黏膜出现炎症和坏死，特别是口腔、皱胃和胃底部黏膜的损害最为显著并具有特征性，常形成纤维素性坏死性假膜和出血性烂斑。口腔黏膜，如上下唇的内侧面、齿龈、颊和舌的腹面等处有硬的灰黄色小结节，有时结节性病灶可蔓延到硬腭和咽部等处；随后结节处形成糜烂区，底部粗糙呈红色，边缘清楚并有较大的糜烂区和溃疡。皱胃黏膜，尤其是幽门部黏膜及各个皱襞的颈部肿胀，布满鲜红色或暗红色的斑点和条纹。胃底部黏膜水肿、增厚，切面呈胶胨样并有形状不规则的烂斑；若病程较长，则在烂斑的边缘可见黑色血块和纤维素性假膜牢固地黏着。回盲瓣肿胀出血，盲肠内含有暗红色的血液和血块，整个盲肠皱褶处的顶端黏膜弥漫性出血，呈鲜红色，这种沿黏膜皱褶顶部的充血和出血形成了牛瘟特征性的斑马状条纹。盲结肠连接部的病变也很显著，肠壁极度充血和出血，由于黏膜下层及肌层水肿，肠壁增厚，黏膜上皮发生糜烂，淋巴滤泡坏死。牛瘟弱毒株常不引起广泛性的黏膜病变，因而很难进行临床诊断。组织学病变检查可见所有淋巴器官损害严重，特别是肠系膜淋巴结和与肠道有关的淋巴组织。B细胞和T细胞区破坏严重，常可见到细胞质内和细胞核内的嗜酸性包涵体。

五、诊断

1. 病原检测

用来检测抗原的方法主要有琼脂凝胶免疫扩散试验、直接或间接免疫过氧物酶试验、对流免疫电泳；用于病毒分离和鉴定的方法有病毒分离、病毒中和试验、RT-PCR扩增等。此外，荧光抗体试验作为检测牛瘟的辅助方法，仍有广泛的应用前景。琼脂凝胶免疫扩散试验能在田间条件下诊断牛瘟，操作简便，能在感染组织中限定性地检测出牛瘟抗原。对流免疫电泳试验在检测淋巴结和组织时的灵敏度是免疫扩散试验的4~16倍。RT-PCR可鉴别诊断RPV与小反刍兽疫病毒，具有灵敏、快速、特异的特点。

2. 血清学检测

血清抗体的检测方法很多，如琼脂凝胶免疫扩散试验、酶联免疫吸附试验（ELISA）、中和试验等。ELISA是一种高敏感性和高特异性血清学检测技术，特别是以牛瘟单克隆抗体为基础的竞争法ELISA（C-ELISA）可以鉴别牛瘟和小反刍兽疫病毒，已被FAO和OIE列为牛瘟的法定血清学检测方法，替代诊断方法为病毒中和试验。竞争法ELISA（C-ELISA）实验步骤如下：

（1）包被抗原：用牛瘟病毒致弱的Kabete"O"毒株感染MDBK细胞，浓缩或超速离心后作为抗原，用包被液稀释抗原，包被96孔酶标板，每孔100 μL，置4℃冰箱过夜。

（2）洗板：取出酶标板弃去液体，每孔加洗液200 μL，洗板，共3次。最后1次倒置拍干。

（3）封闭：每孔加含1%牛血清白蛋白（BSA）的封闭液100 μL，37℃反应2小时，洗板3次。

（4）加样：样品和弱阳性对照、阳性对照、阴性对照用稀释液作1：5稀释，混匀，加入ELISA反应板，每孔50 μL，37℃反应1小时。

加牛瘟病毒单克隆抗体：每孔加 50 μL 牛瘟病毒单克隆抗体工作液，震荡混匀，37℃作用 30 分钟，洗板 3 次。

（5）加酶标结合物：各孔加 100 μL 羊抗鼠抗体，轻轻混匀。酶标板置 37℃作用 30 分钟，洗板 3 次。

（6）加底物液：每孔加 100 μL 底物液，37℃作用 10~15 分钟。

（7）终止反应，取出反应液，每孔快速加入 100 μL 终止液，在 30 分钟内测其 OD 值。测吸光值：用酶标仪在 450 nm 波长下，测定其吸光值。结果计算：

抑制百分比（PI）（%）=［100-（被检血清平均 OD 值/阴性血清平均 OD 值）］×100

（8）结果判定：弱阳性、强阳性对照 P 大于等于 50% 的条件下，进行判定。被检血清抑制百分比 PI 大于等于 50%，判为牛瘟抗体阳性；PI 小于 50%，判为被检血清牛瘟抗体阴性。

六、防控措施

1.接种疫苗

现在已经研制出可预防牛瘟的疫苗，可在疫区及受威胁区免疫注射细胞培养弱毒疫苗或牛瘟/牛传染性胸膜肺炎联苗。疫苗免疫法能提高牛只的免疫力，维护机体健康，在牛瘟出现时能降低发病和死亡风险。对邻近疫区的牛群也要接种牛瘟疫苗牛专用免疫球蛋白，注射牛瘟疫苗牛专用免疫球蛋白后 14 天牛便可产生免疫力，免疫效力可维持一年，当然也可以每一二年预防接种一次。同时要加强对防疫技术人员的培训，做好动物的免疫接种工作。对于已经发病的动物可以试着用相关的药物进行辅助治疗，一般用四环素和磺胺类药物。

2.加强口岸检疫

加强口岸检疫的目的是为了防止易感动物或感染动物的传入。如果发现感染本病的病畜要立即上报，海关部门要根据相关规定和要求做好强制性和紧急措施，比如做好封锁、检疫、隔离、消毒、毁尸等工作。当需要对动物进行引进时一定要加强检疫的力度，决不能到疫区引种，同时对引进的牛羊要先进行隔离观察，在15天即最长的潜伏期后还没发病方可进行混群。

3.消毒

消毒是避免疫情扩散的常用方法，对牛舍和周边环境要进行定时定期地消毒，包括牛舍地面、病牛接触过的料槽等，且要立即销毁被牛瘟病毒污染过的器具。消毒液可用2%氢氧化钠、3%石炭酸或者3%煤焦油皂溶液。做好消毒工作也能避免病牛感染其他牛，为牛只健康生长提供良好的环境。

4.提高饲养管理水平

很多时候，牛瘟的爆发离不开糟糕的环境，所以一定要提高牧场的饲养水平，确保饲料的营养均衡，确保饲养密度是科学的，还要注意防寒保暖，保持通风，按照相关规定做好育种、生产和饲养的管理工作。

5.疫情扑灭措施

牛瘟目前是没有特效药的，所以一旦发现疫情，必须及时进行隔离和封锁，为动物注射抗牛瘟的高免血清，这可以起到一定的治疗作用，对于确诊的病牛，要及时进行扑杀和无害化处理，防止疫情扩散。

6.治疗措施

最好在病毒潜伏阶段或病牛刚刚发热阶段，通过静脉注射100～300 mL 2～3 mL/kg的抗牛瘟血清，通常会有33%左右的疗效。国内外对兔进行试验后得出结论，牛瘟兔化毒弱疫苗对牛瘟有一定效果。个别病牛在感染牛瘟后会出现不治而愈的现象。

参考文献

[1] 卢艺，张海峰.牛瘟的诊断与防治对策探究[J].兽医导刊，2019，（20）：157.

[2] 苏吾德.牛瘟的诊断与防治[J].养殖与饲料，2019，（8）：88-89.

[3] 廖唐彬，梁仕增，银少华.浅谈牛瘟的诊断与防治[J].今日畜牧兽医，2019，35（05）：23.

[4] 宋晓军.牛瘟的流行和诊控方案[J].现代畜牧科技，2017，（11）：79.

[5] 林方玉.牛瘟的诊断与防控[J].农家科技（下旬刊），2014，（5）：117.

[6] 孙铭.牛瘟的病原分析及其诊控方案[J].饲料博览，2018，07：76.

[7] 尚艳丽.牛瘟的诊断、鉴别和防治措施[J].现代畜牧科技，2017，01：47.

[8] 郭静.牛瘟的诊断及防制[J].畜牧兽医科技信息，2016，02：49.

[9] 何洪彬，王洪梅，周玉龙.牛常见传染病及其防控[M].北京：中国农业科学技术出版社，2017.

第三节　牦牛病毒性腹泻-黏膜病

牛病毒性腹泻-黏膜病（BVD-MD），是由牛病毒性腹泻-黏膜病病毒（BVD-MDV）引起的一种极为复杂、呈多临床类型表现的疾病，主要症状为发热、肠黏膜糜烂溃疡和腹泻。本病呈世界性分布，1980年传入我国，1983年在川西北确诊了牦牛的BVD-MD，随后又在成都等地确诊了奶牛的BVD-MD。本病给养牛业造成了巨大经济损失。

一、病原

BVD-MDV与猪瘟病毒、羊边界病病毒同属于黄病毒科瘟病毒属，是一种有囊膜的单股RNA病毒。

病毒粒子在蔗糖密度梯度中的沉降系数为 80 ~ 90 S。BVD-MDV对乙醚、氯仿及胰酶敏感。紫外光照射5分钟可灭活病毒。病毒不耐热，在 18 ~ 20℃ 条件下，可存活26天，而56℃ 1分钟即可使其灭活。MgCl不起保护作用，一般消毒药物均有效。本病毒在低温下较稳定，真空冻干情况下可在-70～-60℃下保存多年。BVD-MDV仅有一种血清型，但应用多克隆抗体和单克隆抗体实验证明，BVD-MDV不同毒株间有显著的遗传和抗原多样性。

二、流行病学

1.易感动物

各种年龄的牛对本病毒均易感，尤以6～18月龄的牛发病较多。该病毒不仅感染牛、猪、绵羊、山羊、鹿等家畜动物，多种野生反刍动物也是该病毒的易感宿主。

2.传播途径

BVD-MDV可通过直接或间接接触传播，经消化道和呼吸道感染，持续感染牛可通过鼻涕、唾液、尿液、眼泪和乳汁不断向外界排毒，也可经胎盘垂直感染。野生反刍动物可经吸血昆虫传播感染BVD-MDV，直肠检查也能引起BVD-MDV传播。

3.传染源

病畜的分泌物和排泄物中含有病毒，患病动物、持续带毒动物与隐性感染动物是本病的主要传染源。

4.流行特点

本病无明显的季节性，通常多发生于冬末和春季，呈急性和慢性两种表现，新生牛犊多表现为急性症状。持续性感染动物是该病传播最为重要的传染源，一般来说，抗体阳性率60%～85%的牛场，持续性感染率在1%～2%。持续性感染牛有些发育不良，生产性能下降，有些牛犊表现早产、死产、先天性缺陷，有些表现对疾病的抵抗力消失而死亡。因为BVD-MDV感染引起免疫抑制，损害机体的免疫功能，进而增强其他病原体的致病性，易发生混合感染。

三、临床症状

本病在牦牛群中的潜伏期一般为3～5天，病初主要表现为上感症状，体温高达40℃以上，当出现腹泻时，体温有所下降。病程长短不一，有的半月以上，也有5～7天内急性死亡的。当病牛泌乳和反刍停止时，出现较为特征的症状，如流涎、口腔黏膜有烂斑、流泪、流黏液性鼻涕等。病牦牛开始出现水样粪便，以后变为粥样，也有先出现粥样而后呈水样腹泻的病例。粪便颜色一般呈灰褐色或黄绿色，恶臭，混有气泡，3～4天后粪便中带有黏液、黏膜碎片和血液，个别病例开始排出的粪便就带有黏膜和血液。

病初精神差，不愿行动，离群掉队，当腹泻或奶量减少时，才被发现。据观察，病牛体温可升高到39℃以上，有的可达41.5℃，但也有体温升高不明显的。病牛喜饮水，精神沉郁，心律失常，多数病牛鼻镜干燥，舌苔发紫，结膜潮紫，口流清涎，部分病畜两眼有脓性分泌物，呈腹式呼吸，胃蠕动明显减弱，食欲减少或废绝，泌乳和反刍减少或停止。最明显的症状是腹泻，开始为水样粪便，以后变为粥样，也有的相反，粪便颜色因季节的不同而不同，多数病牛腹泻次数多，含有大量小气泡，恶臭，随着腹泻次数的增多而出现黏液、黏膜碎片和血液，有的孕牛发生流产。

发病后期，病牛还出现皮肤干燥，毛根部有大量皮屑。大多数典型病例的体温在40.5～42℃，临死前体温下降。病牛的死亡多发生在发病后的7～25天，且年龄越小死亡越快。有自然康复的病牛，但这些自然康复牛也因长期剧烈腹泻而体质极差，多于次年春季死亡。康复牛中顺利越冬度春的多处于发病初期和中期，且接受过对症治疗。

四、病理变化

1.外观变化

病牛消瘦，被毛蓬乱，也有膘情较好者，尸僵良好，后躯及尾部被粪便污染，口腔黏膜糜烂，结膜发紫，肛门松弛。

2.解剖变化

腹股沟淋巴结水肿，腹腔有黄色腹水；瘤胃及网胃黏膜易脱落，无出血点；真胃水肿充血，黏膜易脱落；十二指肠，尤其是空肠、回肠外观呈血红色，黏膜严重出血、脱落，有的出现溃疡；肠内容物呈红色或黑红色，恶臭，结肠、盲肠、直肠黏膜均有不同程度的出血和脱落，肠系膜淋巴结肿大。肝淤血肿大，呈灰褐色，胆囊肿大，胆囊黏膜有弥漫性出血点；肾包膜易剥离，皮质有出血点，有胶样浸润；心包有少量积液，心冠脂肪呈胶样浸润；肺充血肿大，细支气管内有许多气泡，呈红色，炎性渗出物由鼻孔外流，肺门及全身淋巴结肿大或水肿；口腔、食道黏膜有烂斑、出血斑点或溃疡。

五、诊断

对急性病例可根据发病史、临床症状及病理变化作出初步诊断。由于大部分感染BVD-MDV的牛不表现典型的临床症状和病理变化，而且引起腹泻和消化道黏膜糜烂或溃疡的疾病很多，所以确诊还需进行实验室检查。

1.实验室诊断

目前对BVD-MDV的诊断主要包括检测病毒特异性抗原和病毒特异性抗体。《欧盟生物制品生产牛血清使用指南》和《中国药典》（2010版）对牛血清病毒检测中，要求用细胞培养法和免疫荧光抗体法确认病毒的感染性。《牛病毒性腹泻/黏膜病检疫技术规范》

（SN/T1129-2007）规定的检疫方法主要包括病毒的分离与鉴定、微量血清中和试验、抗原捕获酶联免疫吸附试验。

2.病毒分离鉴定

可通过采取血液、尿、眼或鼻的分泌物，脾脏、骨髓或肠系膜淋巴结进行病毒分离培养与鉴定，这种方法只能检测出 CP 型 BVD-MDV。由于 NCP 型 BVD-MDV 毒株常能干扰另一株有致细胞病变作用的毒株产生细胞病变，因此还需其他方法证明这类毒株的存在。免疫荧光技术适合检查非细胞病变生物型的细胞培养物，常应用于我国进出口牛羊检疫中，但因其需要荧光显微镜，不适于基层兽医检测。

3.分子生物学诊断

应用核酸探针杂交和反转录-聚合酶链式反应（RT-PCR）等方法对病毒及病毒核酸进行检测。根据 BVD-MDV 5′-UTR 设计引物建立的 RT-PCR 检测方法，可用于病毒的急性感染和持续性感染的检测，初检阳性牛于 4 周后复检，结果仍为阳性，则判定为 BVD-MDV 持续性感染动物。RT-PCR 也可对大罐奶样和混合血液进行群体检测，对阳性混合样本的个体血样和耳组织样本进行逐一检测。

4.血清学诊断

血清中和试验（SNT）和抗体 ELISA（Ab-ELISA）是目前抗体检测最常用的方法。血清中和试验是常用的实验室检测方法，但由于许多持续性感染动物处于免疫耐受状态，虽然体内不产生抗体，却可终生带毒、排毒，因而仅凭检查抗体难以查出这部分传染源。酶联免疫吸附试验（ELISA）是检测器官或组织培养物中 BVD-MDV 或监测牛群中 BVD-MDV 抗体水平及潜伏感染情况的一种良好技术。ELISA 与中和试验呈正相关，可用于常规血清抗体监测。双抗体夹心 ELISA 是通过检测病料中的病毒抗原来检测动物是否感染 BVD-MDV，该方法操作简便、费用低，可用于大批量样本的检疫，更重要的是它能从病料中检出持续感染的动物，所以该方法非常适用于临床的诊断和检疫。

六、防控措施

本病的防控是一个复杂庞大的系统，应通过对引进牛只、牛舍环境卫生、疫苗免疫接种、持续感染监测、淘汰持续感染牛等多环节进行有效的综合防治。

1.加强饲养管理

提高动物饲养管理水平是减少疫病发生的重要措施之一，包括引进新牲畜的严格隔离检疫制度；严格的消毒措施；预防畜群与潜在感染及发病动物接触；母牛和公牛在配种前监测BVD-MDV是否为阳性；规范奶牛小区管理，科学调配饲料，提高奶牛体质，增强预防意识，减少该病的发生。

2.加强产地检疫

加强运输检疫和畜禽交易市场的检疫，加强进出口检疫，对进口的牛胚胎、冻精、种畜、肉制品、生物制品、奶制品等都要进行严格的检疫。凡欲引进牦牛时，不从疫病区购买牦牛；应首先对新购牛进行血清中和试验，阴性者经隔离后再进入场内。严禁将病牛引入场内。对牛场内的牦牛和引进牦牛定期检疫，及时掌握牛场病毒的流行动态。

3.控制持续感染

持续感染是造成牛群内BVD-MDV难以根除的重要原因，利用RT-PCR方法，可发现持续感染牛，通过分群饲养、逐步淘汰，对其污染的环境进行彻底消毒可有效遏制病毒在牛群内的传播。同时应建立针对BVD-MDV持续感染的定期监测制度。持续感染率低的牛群，可直接净化持续感染牛。

4.加强疫苗免疫

疫苗免疫在BVD-MDV的预防与净化过程中发挥了极为重要的作用。目前，国际上已有的商业化疫苗150余种，主要包括灭活疫苗、减毒活疫苗。由于病毒感染造成牛免疫抑制、免疫力降低导致的多病原混合感染病例时有发生，因此，包含牛传染性鼻气管炎病毒、牛副流感3型病毒和牛呼吸道合胞体病毒等多种病毒抗原的多联疫苗是目前商品化疫苗的主要趋势。我国对BVD-MDV疫苗的研制相对滞后，仅有BVD-MDV灭活单苗及BVD-MDV与IBRV二联灭活疫苗。怀孕牛、应激牛和病牛应避免使用弱毒苗。灭活苗和减毒苗联合使用也是免疫预防该病的有效途径之一。两种疫苗联合使用，一方面可提高灭活疫苗的免疫效力，另一方面可提高减毒疫苗的安全性。

5.治疗方法

目前尚无特效治疗方法，一般采用对症治疗，如调节胃肠功能和酸碱平衡，清热解毒，强心补液，消炎止血等，并配以中药补气止泻和调理增强机体内免疫系统活性，提高免疫能力控制继发感染。

参考文献

[1] 李有智，姜福兰.牦牛病毒性腹泻-黏膜病的防制[J].中国畜牧兽医，2007，34（1）：141-142.

[2] 舒展，卢旺银，陈轶霞.牦牛病毒性腹泻-黏膜病的诊断和防制[J].中国兽医科技，2001，31（4）：35-36.

[3] 刘亚刚，殷中琼，刘世贵，等.牦牛病毒性腹泻/黏膜病的防制研究[J].中国预防兽医学报，2003，25（6）：487-490.

[4] 何洪彬，王洪梅，周玉龙.牛常见传染病及其防控[M].北京：中国农业科学技术出版社，2017.

第四节　牦牛传染性角膜结膜炎

牦牛传染性角膜结膜炎（IK）俗称"红眼病"，这是一种区域性流行性眼病。此病是由多种病原微生物感染引起结膜炎、角膜炎，并伴有大量流泪和角膜浑浊。主要致病原是牛莫拉氏杆菌，此外，支原体、衣原体以及一些病毒也会导致该病的发生。牦牛产区普遍存在该病，牛只可直接接触感染，蚊蝇起着传播媒介的作用。该病较严重时将会导致牦牛失明，影响采食，以致体质逐渐衰弱而死。若不及时控制，此病将大面积流行，严重影响畜牧业的发展。

一、病原

牛莫拉氏杆菌又名为牛嗜血杆菌，属于假单胞菌目莫拉菌科莫拉菌属。其为革兰氏阴性菌，呈杆状，无芽孢及鞭毛，不能运动，有荚膜，长约 2 μm，宽 1 μm，呈双链或短链排列，多次继代后菌体变短成杆状。有两种血清型，一种为光滑非溶血型，多在恢复期或带菌牛体内，不致病；另外一种为致病型，菌体粗糙、溶血，上有伞状物结构，便于菌体吸附，反复传代后可以转化为光滑型，是致病和免疫应答的必要条件。

牛莫拉氏杆菌培养时营养要求严格，不需要特殊的生长因子，需要氧气，最适生长温度为 33 ~ 35℃，适宜 pH 值为 7.2 ~ 7.6，还需要适宜的湿度，可通过提高培养箱内的湿度促进生长。最初培养需要血液，可用血液琼脂培养，培养 24 小时左右，菌落直径约为 1 mm，呈球形至扁平，隆起程度较低，β 溶血，呈灰色，透明或者是半透明，表面较光滑，边缘整齐，较湿润，气味较大较臭。培养多次后可在普通琼脂上培养生长，在普通蛋白胨水及硝酸盐培养基中加入 5% 的血清，生长较好。初次分离时，有轻度的溶血，易落，在盐水中会发生自凝，传代数次后，这种现象明显减弱。

本菌的生化活性较弱，不发酵葡萄糖、蔗糖、麦芽糖、乳糖，不还原硝酸盐，靛基质试验呈阴性，甲基红试验呈阴性，氧化酶阳性，明胶穿刺呈线状增长，会出现液化现象，呈倒立松树状。其抵抗能力弱，加热至 59℃ 经过 5 分钟或用普通的消毒药都能将其杀死，病菌离开牛体后通常可以存活24小时。当用氯化镁处理后，其自凝作用、血凝作用、致病作用均消失，用以接种牛眼时，未发现任何的眼部症状。

二、流行病学

通常是反刍动物易发该病，例如牦牛、水牛、山羊、马等，任何年龄、性别的动物均可感染传染性角膜结膜炎，其中幼龄动物相对比较容易发生，特别是小于2岁的动物更容易感染。该病的主要传染源为患病动物和带菌动物，例如患病的牦牛、带菌的蚊蝇。目前来说，自然传播的途径还不是很确定，同种动物可以通过直接接触如打喷嚏、咳嗽等方式感染，也可以通过间接接触而传染，如蚊蝇等可携带病菌并传播此病，除此之外，当饲料被病畜的眼、鼻分泌物污染后也能传播给其他动物。

该病多高发于夏、秋季节，因为这两个季节气候炎热、日照强度大、湿度较大、紫外线较强并直射患病动物。养殖密度较大，日光直射的养殖场其发病率更高，只要发病就会快速传播，使许多动物发病。本病通常呈地方性流行，其他季节发病率较低。青年牛群的发病率可为60%～90%。另外，当患畜康复后体内也无法产生相应的抗体，因此有的患畜通常在康复后几个月依旧复发。

三、临床症状

该病的临床症状与牦牛的免疫能力及抵抗力有关，一群牦牛的临床症状可能有所不同。多数病例可以自发痊愈，未自愈的患畜初为单眼患病，如果治疗不及时，则会转变成双眼感染。潜伏期一般为一周左右，病程长达20～30天，很少有发热现象，初期流泪，眼睛怕光，眼睑发生肿胀、疼痛，角膜变得潮红、有分泌物；之后角膜周围血管充血、舒张，瞬膜红肿，呈灰白色，上有白色小斑点，严重的患畜角膜增厚、有溃疡，眼结膜处出现荧光着色现象；后期巩膜变成淡红色，角膜内可见新生血管成"红眼病"，导致视力下降，甚至完全失明。

若病牛眼球化脓时，还会伴随有精神萎靡、食欲不振、走动不便、乱撞乱闯、难以采食、身体状况急剧下降，如果长时间缺少营养，很容易因为过度饥饿而死亡。

四、病理变化

牦牛传染性角膜结膜炎的病理变化主要是结膜明显充血、出血、水肿，含有大量的浆细胞及淋巴细胞，上皮样细胞之间存在中性白细胞，并引起不同类型的组织学变化，结膜固有纤维组织明显充血、肿胀，组织疏松，发生弥漫性玻璃样变性，坏死或脱落，部分眼球组织发生损伤，晶体脱落，角膜破裂导致永久性的失明。角膜明显发炎，增厚、突出、凹陷、隆起，出现白色浑浊或者白斑状等，角膜组织主要是上皮增生，固有层弥漫性发生变性，可见固有层持续局限性胶原纤维增生以及纤维化。

五、诊断

根据流行病学、临床症状和剖检变化能够初步判断是否发生牦牛传染性角膜结膜炎，但是由于有些牦牛体况不同，临床症状也不相同，运用临床诊断时需要区别传染性鼻气管炎、恶性卡他热、外伤眼病，故确诊时需做实验室诊断以及血清学检查。

1.采样

患病牦牛的鼻汁或者是眼结膜囊内分泌物均可用于细菌分离检测。采样：用拭子擦拭内鼻角或鼻腔，吸取其分泌物，放入无菌试管中，此时为确保样品的新鲜性，应当尽快返回实验室。

2.染色镜检

在无菌条件下，取分泌物进行涂片，革兰氏染色，镜检，同时取正常牛眼分泌物作为对照，可发现革兰氏阴性小球杆菌，有荚膜，无芽孢，无法运动。

3.培养

无菌条件下，将病料划线接种于血液琼脂平板上，置于37℃恒温培养箱中培养24小时，可见培养基上呈现长出半透明的小菌落，再分别用葡萄糖琼脂培养基以及血液培养基进行分离培养及继代培养，可见葡萄糖琼脂培养基上有灰白色半透明的菌落，有黏性，血液琼脂培养基上也有菌落并带有透明溶血环。

4.生化试验

用其纯培养物来做糖发酵、硝酸盐还原、靛基质以及明胶液化试验，该致病菌无法使糖发酵、硝酸盐还原以及靛基质试验呈阴性，可以使明胶缓慢液化。

5.动物试验

将其分离到的致病菌制作成悬浊液，注射入健康小白鼠的眼结膜囊内，同时用生理盐水注射入同等数量的小白鼠眼结膜囊内作为对照，可见小白鼠在注射部位发生结膜炎，对照组的小白鼠无异常。

发现有牦牛发病后，应当及时隔离、进行治疗。将栏舍内的粪便正确处理干净，全面清扫，并对栏舍喷洒化学消毒药，防止同群中病菌的流行以及传播。选择有效的药品，及时控制疫情，防止疫情爆发。

六、防治措施

在日常的饲养牦牛过程中，应注重预防大于治疗的原则。

1.预防措施

（1）注射菌苗：对于本病有多种抗莫拉氏杆菌的菌苗，用具有菌毛和血凝性的菌株制成的多价苗对于牛群有预防作用，可降低发病率，大约注射4周后牦牛会产生抵抗力。

（2）合理饲养：对牛群提供干净充足的饮水以及饲料，同时还可以适当地为牛群补充一些微量元素、蛋白质、维生素，以提高牛群的身体机能。

（3）提供健康良好的环境：应当结合牛群的实际情况来制定一份合理的科学防疫计划，并严格按照该计划长期实行。保持栏舍内外的环境良好，对环境定期进行严格的喷洒消毒，圈舍与器具也要定期消毒，定期喷洒杀虫剂灭虫，减少传播媒介；在日常生活中，特别是夏、秋季，注意要降温防暑，避免牛群长时间受到日光照射，防风防尘，冬季应当注意防寒保暖。

（4）严格引进牛只：在引进牛只时，通常选择不容易发病的季节，例如春季。引种前应当掌握引种区的实际情况，到正规的市场进行购买，且经过专业兽医的检疫，严令禁止到疫区购买牛只、饲料等其他物品。引进后，首先要经过7~15天的隔离观察，确认其健康后方可混入其他的牛群饲养。

（5）做好自身防护工作：饲养人员在日常的养殖过程中，应当注意做好自身的防护工作，照顾了病牛后应当及时进行消毒，防止间接传播。

2.治疗方法

（1）西医治疗：将地塞米松、氯化钠注射液以及长效土霉素按照一定的比例溶解混合放入小型喷壶中，在距患眼20~30 cm处进行喷雾，每天连续使用，一天3次，在一周左右后，会看到患畜眼睛有明显好转；还可以用4%硼酸水溶液对患畜的眼部进行擦拭，每天2~3次，擦拭后，再滴入青霉素溶液。

（2）中医治疗：取6 g明矾，50 g新鲜柏树枝加水煎煮，放入小型喷壶中，每天定时给牦牛病眼进行清洗；6 g金银花、6 g连翘，10 g菊花、3 g石决明、草决明、郁金，5 g防风、荆芥，加水煎煮，加入小型喷壶中，每日定时对牦牛病眼部进行清洗；取同等量的朱砂、硼砂、硇砂混合进行研磨，每天一次将细渣吹入牦牛病眼处。

参考文献

[1] 辛颖.肉牛传染性角膜结膜炎的流行病学、临床症状、实验室诊断及防治[J].现代畜牧科技，2020（03）：87-88.

[2] 赵丽华.肉牛传染性角膜结膜炎的流行病学、临床症状及防控措施[J].现代畜牧科技，2019（05）：92-93.

[3] 潘龙钦，钱茂生.牛传染性角膜结膜炎的诊治[J].甘肃畜牧兽医，2019，49（01）：31-32.

[4] 祁磊.肉牛传染性角膜结膜炎的流行病学、临床症状与防治措施[J].现代畜牧科技，2019（10）：104-105.

[5] 牛玉杰.牛传染性角膜结膜炎诊治[J].畜禽业，2019，30（11）：104.

[6] 刘金玲.中西医结合治疗羊传染性角膜结膜炎[J].今日畜牧兽医，2019，35（02）：25.

[7] 谭武，陈千林，仁真，等.牦牛传染性角膜结膜炎的病例报告[J].中国畜牧兽医文摘，2017，33（11）：175.

[8] 吕望海.牦牛传染性角膜结膜炎的防治[J].山东畜牧兽医，2014，35（05）：57.

[9] 何洪彬，王洪梅，周玉龙.牛常见传染病及其防控[M].北京：中国农业科学技术出版社，2017.

第五节　牦牛蓝舌病

蓝舌病是由蓝舌病病毒（BV、BTV）所引起的一种疾病，是一种非接触性急性传染病，传播媒介主要为昆虫。该病主要以发热，体内的白细胞减少，颊黏膜和胃肠道黏膜严重的溃疡性炎症为临诊特征，其特征性病理变化为舌头充血呈青紫色而命名为蓝舌病。本病被世界卫生组织划定为A类疾病，是必须通报的疾病。非洲、美洲、亚洲以及欧洲均有发生，近年来，我国也有相关的发病报道。该病一旦流行，传播非常迅速，死亡率高，且不易消灭，很难得到有效控制，是危害牦牛业的主要传染病之一，会对畜牧业造成重大的经济损失。

一、病原

蓝舌病病毒属于呼肠孤病毒科环状病毒属蓝舌病病毒亚群。BTV 可分为 26 个血清型，型与型之间无交叉保护作用，各个国家和地区的血清型分布各不相同，南非和西部非洲主要流行 1 ~ 15、18、19、22、24 型，我国的血清型为 1、2、4、16 型。在已知的血清型中存在着较大的遗传变异，病毒基因也表现出来地域性的进化谱系，即使为同一类型的血清型，也有可能是不同来源所分化出来的 BTV 变种。

BTV 基因大小为 19 kb，由 10 个分阶段的线性 dsRNA 组成，基因组 G、C 的含量约占 43%，A、U 的含量约为 57%，其末端序列保守是该基因组片段共同的特点，为转录起始以及 RNA 包装提供重要的识别信号。共编码 12 种蛋白质，其中编码 7 种结构蛋白（VP1 ~ VP7），5 种非结构蛋白（NS1、NS2、NS3、NS3a、NS4）。BTV 粒子呈二十面体对称，密度为 $1.337 \, g/cm^3$，成熟病毒无囊膜，由多层衣壳蛋白组成，核衣壳直径为 53 ~ 60 nm，由 VP3、VP7 两种蛋白以及 VP1、VP4、VP6 三种次要蛋白组成，衣壳的外部有一个细绒毛状外层，又称外衣壳，由 VP2 和 VP5 两种蛋白组成，使 BTV 粒子的最大直径可达 70 ~ 80 nm。

BTV 主要存在于反刍动物的红细胞中，在感染的干燥血清、血液、腐败的肉中可以存活约 25 年之久。由于该病毒无囊膜，对乙醚、氯仿有一定的抵抗作用，pH 值为 6.5 ~ 8.6 时能够较好地存活，对酸性较敏感，pH 值低于 3 时能够很快地将其灭活。在碱性条件下，使用浓度为 2% 的氢氧化钠溶液也可杀死病毒。同时 BTV 对高温较敏感，60℃加热3分钟以上即可灭活，75～95℃时迅速被灭活。在日常生活中，针对BTV的环境消毒，可以采用2%氢氧化钠进行消毒。

二、流行病学

BTV不仅能感染牛、羊，还能感染其他家养动物，以及野生反刍动物如羚羊等。虽然牦牛感染后为隐性，但其作为病毒携带者，是蓝舌病的传染源，在该病的流行病学上起着举足轻重的作用。

BTV主要通过蚊虫叮咬传播，其中包括库蠓。世界上的库蠓大约有5 789种，我国大约有305种，但是只有不超过20种的库蠓可以作为蓝舌病病毒的传播媒介。患畜与健康动物直接接触时不会感染，不会通过粪口以及气溶胶传播，但可通过胎盘传播，可附着在胚胎透明带上，引起流产、胎儿先天异常，若雄性动物感染该病毒，病毒还会随精液传播给雌性，再通过胎盘传染给新生动物，从而引起大规模的感染。

该病多为地方性流行，与昆虫分布、习性、地域有密切的关系，多发生于夏季以及早秋季节，这两个季节温度较高，空气潮湿，同时较潮湿地区的发病率也高于其他地区。

三、临床症状

该病的潜伏期通常为3～7天，大多都会出现吞咽困难的症状，可能会引起误咽，从而引起误咽性肺炎。牦牛的初期症状不太明显，发热在40℃左右，精神萎顿，食欲不振，面部水肿，鼻腔、鼻镜、口腔出血，接着转化为淤血，不久会引起这些组织的部分坏死并形成结痂，剥落结痂下面可形成较浅的溃疡面，还可见眼结膜充血、肿胀、流泪，牦牛在表现为初期症状时通常可以自行痊愈。严重时有的病牛会出现"咽喉头麻痹"症状，舌充血发绀，呈青紫色，口腔黏膜糜烂，发臭，鼻腔炎症，引起牦牛呼吸困难、有鼾声，有时候其蹄冠部也会发生炎症，会呈现不同程度的跛行，因此有时候会被误诊为口蹄疫。

四、病理变化

病毒感染牦牛后，其病理变化首先是局部淋巴结复制，接着进入其他部位如淋巴结、毛细血管、小动脉、小静脉的内皮细胞、外皮细胞、外周内皮细胞等，从而引起胞浆空泡，细胞核裂解，从而导致淋巴结、鼻腔、消化道黏膜表面水肿、充血、出血、糜烂，内皮的坏死会导致血管闭塞及郁积。牦牛的口腔糜烂，唇内侧、舌面表皮脱落，肺泡严重水肿，骨骼肌严重变性或坏死，呈胶样外观，脾脏肿大，被膜下出血，真皮水肿、出血、充血。

该病毒能在宿主细胞的胞浆内繁殖，且很稳定；对内皮细胞有较强的选择性，在口腔周围的皮肤以及蹄冠内的毛细血管内皮浓度较高。病毒在体内复制后，很快会随着血液流向全身，导致大多数器官和组织内都含有一定含量的病毒。

五、诊断

蓝舌病与口蹄疫、恶行卡他热、传染性鼻气管炎的临床症状有一些相似之处，应注意鉴别，根据典型的临床症状和剖检变化可以做出初步诊断，确诊需做实验室检测。

1.病原学诊断

（1）样品采集：动物病毒血症期的肝、脾、肾、淋巴结、精液，样品采集宜采全血，每毫升加2U肝素抗凝，放置于冷藏容器中保存，尽快送到实验室检查处理。

（2）接种（采用三种方法）：接种易感动物（如绵羊等），接种鸡胚细胞，接种敏感细胞（如Vero等）。

（3）镜检：取（2）中绵羊的脾、鸡胚组织、细胞培养物制作成超薄切片，负染后在电镜下观察，可看到球形、双层蛋白外膜、直径 55~70 nm 的蓝舌病病毒。

（4）分离培养：培养在绵羊的肾单层细胞上，2 天左右出现细胞病变，几天后细胞全部被感染，然后细胞脱落。

2. 血清学诊断

（1）琼脂凝胶免疫扩散试验（AGID）：将蓝舌病病毒用 Vero 或 BHK 培养、纯化得到可溶性抗原，将可溶性抗原与待检血清加入 0.9% 琼脂凝胶中，设置阴性对照和阳性对照，室温 24 小时后，可观察到被检血清孔与抗原孔之间出现致密的沉淀线，并于标准的阳性血清的沉淀线末端互相连接，即为阳性。

（2）酶联免疫吸附试验（ELISA）：一种为重组 VP7 蛋白和抗 VP7 蛋白的 McAb 为基础的竞争 ELISA 方法，另外一种为以抗 NS1 蛋白和抗 VP7 蛋白作为单克隆抗体，后者是 BTV 血清学诊断的首选方法。

（3）过氧化物酶染色法（IPS）：主要有间接过氧化物酶检测法（IP）、过氧化物酶-抗过氧化物酶复合物检测法（PAP）以及荧光抗体检测法（FA）这三种方法。

除了以上三种方法外，还有补体结合试验（CFT）、病毒中和试验（VNT）、血凝试验（HA）等。

3. 分子生物学诊断

聚合酶链式反应（PCR）：BTV 为 RNA 病毒，应当先提取核酸，反转录形成 cDNA，扩增得到 BTV 片段。此外还可以运用 RT-PCR 技术。除了以上方法外，还有核酸分子杂交技术、寡聚核苷酸指纹图谱分析、基因芯片检测技术等。

六、防治措施

当牦牛患病后会出现大面积溃疡、出血等症状，不仅会造成牦牛的发育不良，而且可能会发生大面积的传染，严重威胁牦牛的正常生产。该病尚无有效的治疗方法，因此，应当注重防大于治的原则。

1.预防措施

（1）定期接种：应当设计合理的免疫接种计划进行定期接种，BTV血清类型多样但相互间没有交互免疫力，合理地使用BTV弱毒疫苗可以一定程度地提高成年牦牛的免疫能力，不可以给幼牦牛进行免疫注射。

（2）提供良好环境：定期对栏舍、过道、器具进行全方位清洁、消毒，避免细菌滋生。严禁无关人员随意进出场地，工作人员进入时必须穿上防护服通过消毒通道。确保栏舍通风良好。

（3）合理饲养：保证提供优良的配合饲料，提高饲料的营养水平，合理地调整饲养密度，可以有效提高牦牛的免疫能力。

（4）防止病毒传入：引进牛只时，选择不容易发病的季节，例如春季；引种前应当掌握引种区的实际情况，到正规的市场进行购买，加强海关检疫以及运输检疫，且经过专业兽医的检疫，严令禁止到疫区购买牛只、饲料等。在邻近疫区地带，要注重加强防虫、杀虫措施，防止媒介昆虫对易感动物的传染。

2.控制措施

该病为法定报告传染病，一旦发现本病，应在24小时内上报。本病发生时，立即按照《中华人民共和国动物防疫法》规定，采取紧急、强制性的控制和扑灭措施，扑杀所有感染动物。疫区及受威胁区的动物进行紧急预防接种。

对于发病地区，及时对环境进行消毒，及时扑杀病畜清除传染源，消灭昆虫媒介。该病毒为非接触式感染，因此消灭昆虫媒介可以有效降低发病率。

参考文献

[1] 张海林.蓝舌病的综合防制[J].兽医导刊，2018（03）：20.

[2] 董承帆，唐丽杰.蓝舌病流行特点及诊断方法研究进展[J].畜牧兽医科技信息，2018（04）：7-8.

[3] 王玉锋.蓝舌病的诊断与防治[J].农家参谋，2017（18）：92.

[4] 王哲.蓝舌病诊断要点及防治[J].吉林畜牧兽医，2018，39（06）：44.

[5] 韩明浩，张胜男，常建华，等.蓝舌病研究进展[J].畜牧与饲料科学，2015，36（11）：105-110.

[6] 何洪彬，王洪梅，周玉龙.牛常见传染病及其防控[M].北京：中国农业科学技术出版社，2017.

[7] 韩明浩，张胜男，常建华，等.蓝舌病研究进展[J].畜牧与饲料科学，2015，36（11）：105-110.

[8] 贾赟，王贞钧，孙铭英，等.蓝舌病病毒VP7蛋白的原核表达及免疫原性鉴定[J].中国畜牧兽医，2015，42（08）：2000-2005.

第六节　牦牛传染性鼻气管炎

牛传染性鼻气管炎是由牛疱疹病毒1型（BHV-1）引起的一种急性接触性传染病，该病被我国列为二类动物传染病，也被世界动物卫生组织列为必须报告的动物传染病。通常症状为发热、上呼吸道炎症、鼻炎、呼吸困难，从而导致牦牛食欲下降、抑郁、流产以及肺炎等。同时BHV-1还会感染牦牛的生殖道，导致公牛传染性脓疱性龟头包皮炎（IPB）和母牛传染性脓疱性阴户阴道炎（IPV）。该病严重影响了成年牦牛的繁殖力，甚至导致死亡，给养殖业造成了巨大的经济损失。

一、病原

牛疱疹病毒1型属于疱疹病毒科甲疱疹病毒甲亚科水痘疱疹病毒属。该病毒只有一种血清型，根据病毒DNA核酸内切酶图谱，可分为3种亚型，分别为BHV-1.1（呼吸亚型）、BHV-1.2（生殖器亚型）及BHV-1.3（脑炎亚型），第三种又被重新分为BHV-5，第一种亚型在牛群中较常见。

BHV-1基因组为双链线性DNA分子，全长约为135 kb，G+C的含量高达72%，有约106 kb的长独特区以及约10 kb的短独特区两部分，短独特区的两端分别是内部重复序列和末端重复序列，短独特区的正反异构使得该病毒DNA存在两种异构体，在DNA复制过程中，UL和US区域都单独发挥作用

该病毒颗粒是由衣壳、核心、囊膜三部分组成的双链DNA病毒，直径为150～220 nm。衣壳为六角形正二十面体，由互相连接呈放射状排列的壳粒构成，衣壳直径为100～117 nm、核心由DNA与蛋白质相互缠绕而成。该病毒含有25～33种结构蛋白，其中囊膜表面分布着12种蛋白质，包含10种糖基化蛋白，分别为gB、gC、gD、gE、gG、gI、gH、gK、gL、gM，另外两种非糖基化蛋白为gN、gJ。囊膜表面糖蛋白对病毒的吸附、渗透和在细胞间扩散非常重要，决定着病毒的感染、病理过程及免疫原性，其中gB、gC和gD是BHV-1主要的免疫原，可刺激牛体产生细胞免疫和体液免疫，保护宿主免受再次感染。gB蛋白的基因全长2 850 bp，位于BHV-1基因的UL27区，为保守区域；gD由开放阅读框编码的417个氨基酸组成。gN可以降低主要组织相容性复合体Ⅰ的分子表达，是BHV-1一个重要的毒力决定因素。

二、流行病学

牛是BHV-1的自然宿主也是唯一宿主，在实验条件下该病毒还可感染羊、猪等动物。不同年龄以及各品种的牛都易感染此病，发病率为10%～90%，死亡率为1%～5%。病牛和携带该病毒的牛都是该病的主要传染源，当有牦牛感染本病时，可通过鼻腔、口腔、眼结膜以及生殖道将病毒排出体外，直接接触病牛、自然配种以及

人工授精等均可受到感染，还可通过初乳将该病传给分娩后的新生牛犊。当牛体内携带有该病毒时，病毒可能会在应激条件下（如运输、气候骤变、营养不良等）被激活，并开始排到周围环境中，促使该病在牛群中的传播和流行。单一的病毒感染并不会危及牦牛的生命，部分牦牛感染BHV-1时，不会表现出临床症状，有的出现症状一段时间后会自行痊愈，但康复后的病牛会长时间携带该病毒，甚至能够存活超过18个月。

不同的个体、不同的环境该病发病率有所不同，通常易在秋季、冬季流行，在环境拥挤、密切接触的条件下发病率较高。

三、临床症状

牦牛传染性鼻气管炎的发生具有一定的突然性，但死亡率较低，在未继发细菌性肺炎时，通常发病后4~5天可以恢复。发病初期患病牛出现轻微的呼吸道症状，咳嗽，流涕，高热，食欲减退，精神不振。随着病情的加重，患病牛的鼻腔黏膜充血发炎呈火红色（俗称"红鼻子"），鼻腔内有大量黏液，结膜炎伴有流泪。母牛患病还可能出现传染性脓疱阴道炎（IPV），阴门肿胀，从阴道中流出大量黏性分泌物，阴道黏膜上附着有大量淡黄色渗出物，阴道黏膜充血出血，糜烂溃疡。部分妊娠母牛易发生流产或产下死胎。公牛易患传染性脓疱性龟头包皮炎（IPB），其阴茎和包皮症状与母牛阴道类似。此外，还可能出现脑膜炎、眼结膜炎等病症。

四、病理变化

病变主要集中在上呼吸道和气管，内脏大多正常，鼻、咽、喉、气管有不同程度的炎症反应，病变可形成斑块。鼻腔黏膜发红，上皮细胞变性、坏死，鼻腔黏膜和鼻旁窦可见大小不等的瘀点至瘀斑等出血点，鼻窦常充满浆液性或浆液纤维素性分泌物。口腔黏膜出血，咽部附着一层纤维素蛋白渗出物，气管壁上有大量出血点，蓄积大量黏液以及血丝，咽部和肺部淋巴结肿胀、出血。肺脏组织表面有大量小气泡，同时伴随化脓性肺炎小叶坏死。肝脏肿大明显并存在灰白色到灰黄色不等的散在坏死病灶。肾脏乳头充血、出血，十二指肠、空肠、回肠存在广泛性的出血现象。气管炎可能会蔓延到支气管和细支气管，此时可见呼吸道上皮脱落。病毒所引起的病变往往会被继发性细菌感染所掩盖。

五、诊断

当牛群出现疑似症状时，根据典型的临床症状和剖检变化可以做出初步诊断，需尽快做实验室检测确诊。

1.病原学诊断

（1）样品采集：根据病牛实际临床症状在适宜部位采集病料，如出现阴道炎症状时，需采集病牛阴道分泌物和外阴部黏膜；出现呼吸道症状时，要使用棉拭子对处于发热期的病牛采集眼分泌物和鼻液。采集的病料要尽快接种在含有 10% 牛犊血清的 Hank's 液内（每毫升添加 500 IU 青霉素和 500 μg 链霉素），送往实验室。

（2）接种：可选择接种易感动物、鸡胚细胞或敏感细胞（例如 Vero 等）。

（3）镜检：取（2）中组织或细胞培养物制作成超薄切片，进行负染后在电镜下观察，可见单个散在的直径 150～200 nm 的牛疱疹 1 型病毒。

（4）病毒分离培养：多种细胞均可分离病毒，一般可采用牛胎肾单层细胞培养物用于病毒分离。接种后，细胞缩小变圆聚集成类似葡萄样的群落，随着细胞向四周扩散，中心部细胞逐渐脱落，随后细胞单层大多全部脱落。

2.血清学诊断

（1）酶联免疫吸附试验（ELISA）：该方法是很好的病毒抗体筛

查方法，可首先用PCR方法扩增BHV-1病毒主要抗原区域的基因，用原核表达系统进行截短表达，再将其纯化后作为包被抗原，经过间接ELISA反应不断优化。该方法有较好的特异性及敏感性，为养殖户提供了一种高通量、快速检测的血清学抗体检测方法。

（2）病毒中和试验（VN）：试验时需做病毒抗原、标准阳性血清以及阴性血清的对照，出现细胞病变的是病毒抗原对照和阴性血清加抗原对照，阳性血清加抗原对照不出现细胞病变，被检血清对细胞无毒性。

3.分子生物学诊断

（1）聚合酶链式反应（PCR）：设计并合成特异性PCR检测引物，在仪器中进行核酸扩增，从而建立检测BHV-1的方法。该方法可在基层实验室临床疾病疫情监测中应用。此外还可以运用荧光定量PCR检测技术，该技术灵敏度高，不会与其他的病毒发生交叉反应。

（2）环介导等温扩增技术（LAMP）：能在等温条件下（60～65℃），短时间内（约1小时）内进行核酸扩增，扩增产物检测方法多样，可用凝胶电泳检测、直接用肉眼观察或在反应体系中加入人工染料根据颜色变化进行检测。该方法具有快速、高效、灵敏、特异和经济等优点，适合基层和现场的临床检测。

六、防治措施

BHV-1感染宿主后，可能继发细菌感染，并会在宿主体内长期存在，由于不容易根除该病毒，在防治措施中，应注重防大于治。

1.预防措施

（1）提供良好环境：保持牛舍环境卫生，可使用2%氢氧化钠或生石灰定期对牛舍及周围环境进行消毒；可用0.2%～0.5%过氧乙酸定期对饲料床、饲喂工具进行消毒。由于该病易在秋季、冬季发生，由于气候寒冷，牛体会消耗过多的热量，可对牛舍加强保温，同时要确定养殖密度，密度太大易造成该病的扩散与传播，要保证圈舍的通风。

（2）严格引种：最好采取自繁自养。引进牛只时，选择不容易发病的季节；引种前应当掌握引种区的实际情况，加强海关检疫以及运输检疫，呈阴性时才允许引进，到场后需经过至少1个月的隔离饲养，进行2次检疫，均呈阴性时才能够混群饲养，严令禁止到疫区购买牛只、饲料等。

（3）接种疫苗：为更好地预防该疾病传播流行，在日常生活中应当对牦牛进行接种传染性鼻气管炎灭活疫苗，为牛群产生抗体奠定基础，降低发病率。

2.治疗方法

在现阶段，尚无治疗该疾病地特效药物，主要根据病牛症状采取对症治疗。

（1）西医治疗：生病牦牛可用500 mL 5%葡萄糖生理盐水与100 mL 25%葡萄糖溶液混合静脉注射，以及每天定时肌肉注射100万IU青霉素，用于增强体质，避免继发感染。每天定期用20～40 mL的复方氨基比林注射，连续使用3～5天，可治疗病牛高热；每天2次口服15～30 mg可待因可治疗病牛的咳嗽症状。

（2）中医治疗：将120 g板蓝根，30 g连翘、牛蒡子、柴胡、黄芩、玄参，20 g薄荷、桔梗，18 g甘草、马勃、升麻以及12 g黄连加入1 500 mL水中进行煎煮至只剩500 mL的药液，每日两次给病牛口服至完全康复。根据病牛的不同症状将以上药物进行适当地增减。

参考文献

[1] 翟璐，张海威，涂伟，等.牛疱疹病毒1型主要囊膜糖蛋白研究进展[J].动物医学进展，2020，41（02）：88-92.

[2] 金鹰.牛传染性鼻气管炎的诊断及防治[J].兽医导刊，2020（05）：27.

[3] 沈宏鹏.牦牛传染性鼻气管炎诊治[J].畜牧兽医科学（电子版），2019

（19）：109-110.

[4] 李喆.牛疱疹病毒1型感染性疾病的分析诊断和治疗控制措施[J].饲料博览，2019（05）：63.

[5] 陈林军，于志超，赵治国，等.牛传染性鼻气管炎研究现状[J].动物医学进展，2019，40（01）：102-106.

[6] 庄宇.肉牛传染性鼻气管炎的流行病学、临床症状、实验室诊断和防治[J].现代畜牧科技，2019（02）：97-98.

[7] 曾蕾.肉牛传染性鼻气管炎的流行病学、临床特点、诊断要点与防治[J].现代畜牧科技，2020（02）：99-100.

[8] 何洪彬，王洪梅，周玉龙.牛常见传染病及其防控[M].北京：中国农业科学技术出版社，2017.

第三章　牦牛常见细菌性传染病的诊断与防控

第一节　牦牛布鲁氏菌病

牦牛布鲁氏菌病（以下简称布病）是由布鲁氏菌引起的一种人畜共患急性或者慢性传染病。这种病的主要发病症状为生殖器官、胎膜以及多种组织发炎甚至坏死，导致不育、睾丸炎、流产等。由于该病为人畜共患病，其宿主也较为广泛，牛、羊、猪是主要感染对象。由于布病能通过较多途径进行传播，不仅会传染动物还会感染人，因此它不仅威胁到牦牛产业的发展，对人类生存也是一种较大的挑战。

一、病原

布鲁氏菌病是由布鲁氏菌引起的一种人畜共患的地方性传染病。该菌为短杆菌，无芽孢，无鞭毛，革兰氏染色阴性，各种菌株之间形态及染色特性无明显差异（但生物学形状和抗原性不同），常用柯兹洛夫斯基氏染色法将布鲁氏菌染成红色，背景及其他杂菌染成蓝色。

布鲁氏菌属共分6个种，分别是羊布鲁氏菌、猪布鲁氏菌、牛布鲁氏菌、犬布鲁氏菌、沙林鼠布鲁氏菌和绵羊布鲁氏菌。羊布鲁氏菌主要感染绵羊、山羊，也能感染牛、猪、鹿、骆驼等；猪布鲁氏菌主要感染猪，也能感染鹿、牛和羊；牛布鲁氏菌主要感染牛、马、犬，也能感染羊和鹿；其他3种布鲁氏菌除感染本动物外，对其他动物几乎无影响。

布鲁氏菌为需氧或兼性厌氧菌，在普通培养基上可以生长，但在肝汤、马铃薯培养基上生长最好，牛布鲁氏菌初分离时需要在100%二氧化碳环境中生长。

此外，布鲁氏菌在干燥环境中抵抗力较强，在干燥的土壤中可存活24~40天，在干燥的胎膜中甚至存活更长，在咸肉中存活40天，在羊毛中存活1.5~4月，但对湿热和常用化学消毒剂敏感。常用漂白粉、生石灰、氢氧化钠等化学药物消毒，对链霉素、氯霉素、庆大霉素、卡那霉素及四环素等敏感。

二、流行病学

动物主要通过摄食被污染的饲料和饮水而经消化道感染布病，其次是通过皮肤、黏膜和交配感染，也可能通过吸血昆虫的叮咬而发生感染。

布病无明显的季节性，但通常发生于产仔季节，还带有一定的地方流行性。母牛在感染后一般情况下只发生一次流产，以后较大可能不再流产。主要传染源为患病牦牛，流产胎儿、胎衣、流产分泌物、粪便以及公牛的精液都是病菌的可能载体。

三、临床症状

牦牛在感染了布病以后，潜伏期一般在两周到六个月之间，通常表现为隐性感染。母牛最显著的感染症状为流产，而且随时都可能流产，主要发生于怀孕后的6~8个月，流产胎儿多为死胎；同时还可能出现轻微的乳腺炎。公牛主要的感染症状为睾丸炎、附睾炎，睾丸肿大，触之疼痛。其他常见的症状还有关节炎、腱鞘炎，有的甚至会出现乏力，食欲不振。

四、病理变化

妊娠母牛一旦感染上该病，主要临床症状为流产，并且流产可能会出现在妊娠的各个阶段，流产的胎儿一般为死胎，偶尔也会生出体质较弱的小牛犊。妊娠母牛在流产前会出现分娩征兆，乳腺和阴唇明显肿胀，阴道中有灰白色或灰色黏液流出，阴道黏膜也会出现红色结节。母牛流产之后还会出现胎衣滞留和子宫内膜炎的症状，在一到两周时还会有红褐色分泌物从阴门中流出，有的患病母牛会由于长期子宫积脓导致不孕。公牛患有该病之后会出现睾丸炎或者附睾炎，严重的会影响生殖功能，个别公牛还会出现关节炎。

五、诊断

根据典型的临床症状和流行病学特征可以做出初步诊断，确诊需进行实验室检测。

1.细菌学检查

取胎儿、胎衣，以及母牛阴道分泌物、乳汁及肿胀部的渗出液涂片，经柯氏染色，镜检观察，若出现红色短杆菌，再结合临床诊治可以确诊。但本法的检出率很低，必要时应同时进行细菌分离培养或动物实验。

2.间接ELISA检测

利用已有检测试剂盒进行检测，检测方法按试剂盒说明进行。待检样品1：50稀释后，取100 μL于96孔板中，室温孵育1小时；洗板后加辣根过氧化物酶标二抗，室温孵育30分钟后洗板；加底物

100 μL 后显色 15 分钟，加 100 μL 终止液，置酶标仪检测波长 620 nm 光密度值。根据说明书给定的设置程序设定酶标仪，并按照说明书的判定方法对实验结果进行相应的判定。

3. 虎红平板凝集检测

根据 OIE 推荐的方法进行检测。主要过程为：30 μL 虎红平板凝集试验抗原与等量的待检血清于清洁载玻片上充分混匀，室温下，4 分钟内观察凝集现象。出现凝集为阳性，无凝集为阴性。

4. 试管凝集试验检测

根据 OIE 推荐的方法进行检测。1∶100 稀释的血清出现 "++" 为阳性，1∶50 稀释的血清出现 "++" 为可疑。可疑样品应在 3~4 周后复检。

六、防治措施

当牛群出现临床症状或严重的病理变化时，可以对牛群进行抗生素治疗，但过多的抗生素会残留在牛的体内，因此对该病必须采取综合防控措施，定期免疫接种，做好饲养管理，培养健康牛群，检疫并分群隔离饲养。

1. 定期免疫接种

目前使用的疫苗主要是灭活菌苗，通过接种疫苗可以有效控制该病的发生。目前人们多选取多价血清型且含有独特菌株的商品疫苗。S$_{19}$号菌苗为目前普遍选择的菌种，其主要适用于牛的免疫接种，也可用于绵羊的免疫接种，对山羊的效果较差，对猪无效，通常选择皮下接种。

2. 做好饲养管理

对该病必须从源头开始把控，对牛群进行合理的饲养管理。牛群圈舍应当做好生物安全措施，制定并执行进出管理制度。饲料以及饮用水需定期进行检测，在保证安全的前提下才能进行喂食，规范饲喂时间。定期对圈舍进行消毒，每次以 2% 氢氧化钠、10% 生石灰、5%克辽林对地面墙壁进行彻底消毒，消毒后的地面要用干净的清水进行彻底清洗。

3.培养健康牛群

牛群中如果出现患病牛，那么应该对整个牛群进行普遍检查，将患病牛群与健康牛群分开，防止交叉感染。患病母牛所生的幼崽，在出生后3~7天内喂养初乳，以后隔离喂养消毒乳或健康牛乳，当幼崽生长至8个月时，以血清学检测方法检查两次，每次间隔2~3周，检测结果阳性者按病畜进行处理，检测结果阴性者，以后每隔3个月检测一次，确保牛群的健康。

4.检疫并分群隔离饲养

在未发病地区，应该统一对牛群进行血清学检测，推荐一年至少进行两次，并按照检测结果将健康牛群与疑似牛群进行隔离饲养。引进牦牛时应该在进场前就进行两次以上的检测，并隔离饲养两个月，未发生任何问题方可进场。

在发病地区，推荐每3个月对场内牦牛进行一次普遍检查，将健康的牦牛与生病牦牛进行分群饲养，若感染数量较少，应及时进行治疗，并对健康牛群进行疫苗注射；若感染数量较多，应及时对老龄化、难以治愈的牦牛进行淘汰，对幼龄患病牦牛应及时进行治疗，健康牦牛应及时注射疫苗。不管感染数量的多少，只要出现感染，就应该定期进行检查，并对场地和饮水等进行检查、消毒。

参考文献

[1] 普布卓玛.牦牛布鲁氏菌病防治[J].中国畜牧兽医文摘，2018，34：134.

[2] 杨发龙，张焕容，王言轩，等.川西北牦牛布鲁氏菌病血清流行病学调查[J].中国动物检疫，2013，30：43-45.

[3] 李万顺.刚察县牦牛布鲁氏菌病的流行病学调查报告[J].草业与畜牧，2009，10：56-58.

[4] 罗光荣，杨平贵.生态牦牛养殖实用技术[M].成都：天地出版社，2007.

[5] 薛增迪，任建存.牛羊生产与疾病防治防治[M].咸阳：西北农林科技大学出版社，2005.

第二节　牦牛结核病

结核病是由结核杆菌引起的人畜共患传染病，也是牛群中一种较为常见的慢性传染病。针对结核病的研究一直在持续着，但还未出现商品化的治疗特效药，感染结核病的牛都只能做淘汰处理。本病不仅可以在牛群中传播，还能感染人类，严重影响人类的生活。近年来，随着牦牛产业快速发展，结核病对牦牛产业以及人体健康都造成了严重的威胁。

一、病原

牦牛结核病的主要病原为牛分枝杆菌，该菌无芽孢，无荚膜。牛分枝杆菌对外界环境抵抗力较强，对热敏感，60℃ 30分钟即可将其杀死；太阳直射数小时也可将其杀死；常用的消毒剂，如酒精（70%）和漂白粉溶液都可以很快将其杀死；据调查，紫外线也对牛分枝杆菌有较好的杀灭效果。

二、流行病学

该病对人和动物都有较强的传染性，无明显发病季节，但地方性较为明显，感染牛群的年龄分段不明显。传播途径主要为感染牛群，生病母牛分泌的乳汁、生病牛群的粪便等均携带结核杆菌。此病最具危害的一面体现在病人与病牛之间也能进行传播，致病菌在排出体外以后，会通过饮水和食物等进行交叉感染。主要感染途径为呼吸道和消化道，也可经过性传播；初生牛犊被母牛传播；病人、病牛之间交叉传播。

三、临床症状

结核病的潜伏期相对较久，短的有10～45天，长的可达数月，甚至数年。此病发病速度较慢，感染器官不同，感染症状也有很大差异。根据感染器官不同，可将结核病分为肺结核、乳腺结核、肠结核、淋巴结核、生殖器结核、脑结核等

四、病理变化

各种结核的病理变化都有所不同。

（1）肺结核：感染症状为短咳、干咳，起身或吸入灰尘时发生咳嗽，后期出现经常性咳嗽，牛在感染后逐渐消瘦。有的还会出现肩前、股前、腹股沟、下颌、咽及颈部浅表淋巴结化脓。

（2）乳腺结核：乳腺上淋巴结肿大，泌乳量减少，后期乳汁稀薄如水。剖开可见大小不等的干酪样结节，有的乳腺内有大量液体渗出。

（3）肠道结核：多见于牛犊，可见消化不良，食欲降低，出现顽固性下痢。胃肠黏膜可见有大小不一的结核结节或溃疡灶。

（4）淋巴结核：颈部、肩部、股部、腹股沟等处，均有不同程度的淋巴肿大症。淋巴肿大常突出体表，但无疼痛症。不同部位的淋巴肿大，表现症状略带差异。

（5）生殖器结核：生殖器结核，母牛感染阴部会流出黄白色黏液，混有干酪样絮片。影响发情周期，可能导致发情次数增加；受孕率降低，妊娠牛可能导致流产。公牛感染，附睾部肿大，阴部有结节，严重的可导致阴茎部糜烂。

（6）脑结核：此病感染脑部，多数伴神经症，比如惊恐不安、异常兴奋、肌肉震颤、站立不稳、步履蹒跚、头颈僵硬等症状。病

程后期会出现呼吸失常，严重昏迷，并伴有痉挛症。

五、诊断

根据特征的临诊症状和剖检变化可以做出初步诊断，确诊需做实验室检测。

1.结核菌素试验

利用提纯结核菌素注射牛颈中部三分之一处（提前去毛测量皮褶厚度），每头牛注射结核菌素 0.2 mL，观察 72 小时和 120 小时的症状，记录好每一次的观察记录。判定方法：皮褶厚度增加 8 mm 以上者，判定为阳性；炎肿面积在 35 mm×45 mm 以下，皮褶厚度增加 4～8 mm 的，判定为疑似；无炎肿，皮褶厚度不超过 4 mm 的，判定为阴性。

2.ELISA 检测

利用已有检测试剂盒进行检测，检测方法按试剂盒说明进行。该病可直接进行抗原检测，根据说明书判定结果。

3.细菌学检查

取感染部位渗出液涂片，经 Ziehl-Neelsen 氏抗酸染色法染色，镜检观察。出现特征颜色后搭配 ELISA 检测法进行确诊。

七、防治措施

由于该病不能通过抗生素治疗，当牛群出现临床症状或严重的病理变化时，对该病的防控必须采取综合防控措施，定期免疫检查，做好饲养管理，培养健康牛群，检疫并分群隔离饲养。

1.定期免疫检查

由于目前结核病并未出现商品化的疫苗，现有的方法只能是淘汰病牛，淘汰的前提就是进行检疫。每年至少应进行两次以上的普遍检查，检疫方法为注射结核菌素，需根据养殖场自身的环境做出相应的改变，如增加检疫次数，改变结核菌素注射量等。

2.做好饲养管理

对该病必须从源头开始把控，对牛群进行合理的饲养管理。牛群圈舍应当做好生物安全措施，制定并按照进出管理制度执行。饲料以及饮用水需定期进行检测，在保证安全的前提下才能进行喂食，并规范饲喂时间。在圈舍内要定期消毒，常用的消毒剂有漂白粉、生石灰等，建议更替使用，防止细菌产生耐受性。

3.培养健康牛群

牛群中如果出现患病牛，那么应该对整个牛群进行普遍检查，将患病牛群与健康牛群分开，防止交叉感染。患病母牛所生的幼崽，在出生后3～7天内喂养健康初乳，以后隔离喂养消毒乳或健康牛乳；严格按照检疫制度执行，每间隔一个月就应该进行一次检疫，一共检疫三次。检测结果阳性者按病畜进行处理，检测结果阴性者，以后并入牛群进行饲养。

4.制定有效的净化计划

由于宿主范围较大，潜伏期长，有效的净化计划是牛群安全的重要保证，只有及时发现并清除"害群之牛"，才能保证大多数牛的健康，保证牦牛产业的稳定发展。

参考文献

[1] 桑巴.牦牛结核病综合防控措施[J]，中国畜牧兽医文摘，2016，34：155.

[2] 尕藏卓玛.牦牛结核病的综合诊断及防控措施[J].中国畜牧业，2019（9）：78-78.

[3] 罗光荣，杨平贵.生态牦牛养殖实用技术[M].成都：天地出版社，2007.

[4] 段亚丽.皇城牧区牦牛结核病感染情况的调查[J].中国畜牧兽医文摘，2017，33：103.

[5] 中拉毛草，何红芳.牦牛结核病的流行病学调查[J].畜牧兽医杂志，2013（05）：101-102.

第三节 牦牛炭疽病

炭疽病是一种由炭疽杆菌引起的人畜共患传染病，该病感染后呈急性、热性、败血性症状。OIE将炭疽病列为B类疫病和国家法定报告疾病，我国将其列为二类疫病（指的是一经发现就需要采取严格控制措施，将其扑灭，防止其扩散的疾病）。牦牛炭疽病不仅可以通过病牛进行传播，还可能通过感染炭疽病的人群接触传播。炭疽病的存在不仅影响牦牛产业的发展，还影响人类的健康生活。

一、病原

牦牛炭疽病的病原为炭疽杆菌，该菌有芽孢，为革兰氏阳性菌，为粗长杆菌，不能运动。炭疽杆菌通常单独存在或者由几个杆菌连接形成短链，在培养基上呈现为竹节状的长链。

炭疽杆菌能在适宜的条件下形成芽孢，芽孢对外界环境有较强的抗性。阳光直射下能存活4天之久，在干燥的环境中能生存长达10年，地下生活可达30年。对湿热较敏感，煮沸条件下，10～15分钟就可以将其杀灭。常用的化学消毒剂对其有较好的杀灭效果，如漂白粉、氢氧化钠、碘制剂等。青霉素类药物对其有较好的杀灭效果。

二、流行病学

该菌对人和动物都有较强的感染性，季节性明显，主要在夏季多发，与此季节的多雨和较多的吸血昆虫有关。本菌主要由呼吸道和消化道感染，传染源为发病牛和带菌牛，血液、内脏、皮毛、粪便都携带大量致病菌。由于该菌会产生芽孢，在病牛尸体周围很长时间都不建议养殖动物。

三、临床症状

根据牛群的差异性表现，感染牛群的临床症状分为四种，包括最急性、急性、亚急性、慢性。

（1）最急性：此类牛群发病速度较快，短至几分钟，多则数十分钟，就会出现明显的临床症状。常见症状为：放牧过程中突然昏厥、呼吸困难、天然孔内出血等，并可能出现倒地暴毙的情况。

（2）急性：发病速度相对最急性时间略长，达1~2天。临床症状为：体温升高至41℃以上，初期呼吸加重、心跳加快、厌食、反应迟钝或无反应；严重时则瘤胃膨胀，若发病部位为颈部、胸部、腰部，会导致病牛行走漂浮摇摆。

（3）亚急性：发病周期较长，可达数天至一周以上。常见症状为皮肤、直肠、口腔的炎性水肿，最开始有些硬热痛，发展到后期变冷和不痛。

（4）慢性：发病周期最长，病牛临床症状为逐渐消瘦。

四、病理变化

炭疽病的病理变化主要有两种，急性败血症和炭疽痈。牦牛出现败血症时，主要变化为体温升高，可达40~41℃，呼吸困难，心跳加速，厌食等，初发可看到黏膜有血点，病死牦牛尸僵不完全，易腐败，天然孔流出煤焦油样血液。

牦牛出现炭疽痈时，一般表现为局部病变，多在机体抵抗力较强、入侵病原较少、毒力较弱时发生，一般出现在肠道和皮肤。病牛会出现呼吸困难、下痢带血、肛门浮肿的症状。脾脏肿大较为明显，通体呈暗红色，体积为正常体积的2~3倍；脾体柔软，切面呈黑色，结构不清。病牛的全身淋巴结也会发生肿大出血，切面呈黑红色。

五、诊断

由于炭疽杆菌在适宜的环境中会形成芽孢，且芽孢的生存时间较长，因此，对于疑似发生炭疽病的牦牛禁止剖检，更严禁剥皮销售和食用。如果需要剖检时必须由专业人员科学严格地进行检查或根据基本表现初步判断，如死后迅速腐败，极度膨胀，天然孔出血且血液呈煤焦油状，凝固性差，尸僵不全。

实验室诊断需采集耳朵静脉血涂片，用瑞氏染色液染色后，置于显微镜下观察。必要时可做局部解剖采小块脾脏，切口需用0.2%氯化汞浸透的纱布塞好。显微镜检查发现带有荚膜的单个、成对、短链状的粗长杆菌即可确诊。有条件的实验室可做菌体分离培养和炭疽环状沉淀实验。

六、防治措施

炭疽病感染到发作速度非常快，致病力强，因此对该病必须采取综合防控措施，免疫接种，严格饲养管理制度，培养健康牛群。

1.免疫接种

在发生炭疽病的地区，采用炭疽2号芽孢苗皮下接种，一年一次，每次注射量1 mL，免疫期一年。每次接种应针对全部牛群，做到不遗漏一只。

2.严格饲养管理制度

对该病必须从源头开始把控，对牛群进行合理的饲养管理。牛群圈舍应当做好生物安全措施，制定并执行进出管理制度。定期杀灭圈舍周围的其他生物，尤其是夏天，吸血昆虫较多的时候。饲料以及饮用水需定期进行消毒检测，在保证安全的前提下才能进行喂食，规范饲喂时间。定期时圈舍进行消毒，尤其是发病牛住过的圈舍，彻底清理粪便、尸体、垫草等，同时用20%漂白粉溶液进行喷淋，建议重复消毒2~3次后再考虑复养。

3.培养健康牛群

该病为急性传染病，牦牛感染后会在较短时间内就发病死亡，除了提前做好免疫接种工作以外，为了保证牛群的健康，还要及时淘汰发病牛，并彻底清理圈舍。发病牛的尸体和圈舍内的物品全部一起焚烧填埋。出现疑似症状的牛都应对其进行检查，一旦确诊立马焚烧深埋。

参考文献

[1] 张育红.牦牛炭疽病的防治措施[J].畜牧兽医科技信息，2018，502（10）：73–74.

[2] 旦正巷前.牦牛炭疽病的诊断与控制[J].中国畜禽种业，2016（9）：88–89.

[3] 罗光荣，杨平贵.生态牦牛养殖实用技术[M].成都：天地出版社，2007.

[4] 阿索.牦牛炭疽病的诊断及预防[J].中国畜牧兽医文摘，033（008）：181.

[5] 黄福生.青海高原牦牛炭疽病的鉴别与诊治[J].养殖与饲料，2016（9）：64–65.

第四节　牦牛巴氏杆菌病

牦牛巴氏杆菌病是由多杀性巴氏杆菌（也有溶血性巴氏杆菌）引起的，以败血症和组织器官的出血性炎症为特征的急性传染病，故又称牛出血性败血症。大多数情况下，此病为散发或呈小规模爆发性流行，但其也属于急性传染性疾病，若不能及时采取防治措施，会给牦牛养殖产业造成巨大的经济损失。

一、病原

多杀性巴氏杆菌是一种细小、两端钝圆、微凹的球状短杆菌，多散在，不能运动，不形成芽孢，无鞭毛，革兰氏染色呈阴性。本菌需氧或兼性厌氧，对营养要求严格。本菌有3个亚种：多杀亚种、败血亚种、杀禽亚种。多杀亚种对家畜致病，败血亚种对禽、犬、猫和人类致病，杀禽亚种对禽致病。本菌血清型众多，在含碳水化合物的肉汤中长时间培养后，就会表现出多形性。新分离的菌株具有的荚膜在培养基中培养后消失。用碱性美蓝染色染血片或脏器涂片，可见细菌两端呈两极浓染，而中间颜色浅，故又称两极杆菌，两极浓染的特性具有诊断意义。巴氏杆菌抵抗力弱，对热、日光、紫外线、温度等均敏感，在干燥空气中仅存活2~3天，在血液、排泄物或分泌物中可生存6~10天，但在腐败尸体中可存活1~6个月，阳光直射下数分钟死亡，高温立即死亡，一般消毒液均能将其杀死，如3%碳酸、10%石灰乳、2%来苏儿、3%福尔马林、1%氢氧化钠等作用5分钟即可杀死巴氏杆菌。巴氏杆菌对青霉素、链霉素、四环素、土霉素、磺胺类药物及许多新的抗菌药物敏感。

二、流行病学

牦牛巴氏杆菌病遍布全世界，在养殖牦牛的地方都有发生。本菌为条件性致病菌，常存在于健康畜禽的呼吸道，与宿主呈共栖状态。本病一般散发或呈地方流行，同种动物能相互传染，一般不同动物种间不易互相传染。当动物饲养在不卫生的环境中，因感受风寒、过度疲劳、饥饿或长途运输等因素使机体抵抗力降低时即可致病，病原菌经淋巴液入血液引起败血症。该病发病率和死亡率均较高，致死率可达80%以上，个别地区达90%以上。该病主要经消化道感染，其次通过飞沫经呼吸道感染，亦有经皮肤伤口或蚊蝇叮咬而感染的。发病后，病菌的毒力增强，并随分泌物、排泄物排出体外，污染饲料和饮水等，引起其他牛感染。该病可常年发生，一般无明显季节性，在气温变化大、阴湿寒冷时更易发病。

三、临床症状

此病潜伏期2~5天。根据临床表现可将本病分为急性败血型、浮肿型、肺炎型。

（1）急性败血型：病牛初期体温明显升高，可高达41~42℃，精神沉郁、反应迟钝、肌肉震颤、呼吸、脉搏加快、眼结膜潮红充血，食欲减退，反刍停止。鼻内可见脓性分泌物，甚至可见鼻内出血。病牛表现为腹痛，粪便初为粥样，后呈液状，并混杂黏液或血液且具恶臭，甚至伴有血尿，病程一般为12~36小时。发病牛往往没有查清病因和进行治疗就死亡。

（2）水肿型：咽喉、头颈等部位发生炎性水肿是最明显的症状，且水肿能够扩散到舌、前胸以及周围组织。病牛往往卧地不起，舌头肿胀明显，流口水，呼吸非常困难，一般会由于窒息而发生死亡，病程仅1~3天。有的先便秘后腹泻，粪便中混有黏液和血液。腹泻开始后，卧地不起，体温下降，窒息死亡，病程5~8天。

（3）肺炎型：病牛主要表现体温升高，发热，呼吸增快，之后逐渐显露出肺炎的体征，出现咳嗽，咳嗽时伴有痛感，呼吸困难，常有黏性脓性鼻液从鼻孔流出，有时会出现慢性胃肠炎和关节炎，表现为食欲缺乏，病牛消瘦，关节肿胀，跛行；严重时会出现头颈前伸、张口呼吸的现象，叩诊发现病牛胸部有叩痛，听诊可发现水泡音等。该类型病程持续时间较长，一般超过7天。

还有一种最急性型，近些年来不太常见。最急性型（锁喉风）发病快速、高热，由于水肿引起打鼾呼吸，在喉咙和胸部出现瘀斑出血，大量流涎，严重抑郁，24小时内死亡。

四、病理变化

（1）败血型：全身存在急性败血症变化，在经过检查后可以发现，全身黏膜、浆膜及皮下组织和肌肉有大量出血点；尤其以喉咙位置具有急性炎性水肿，及其周围结缔组织的出血性胶冻样浸润为特征。全身淋巴结充血、水肿，肺脏瘀血、水肿，心外膜和心内膜出血，脾出血但不肿大，胃肠黏膜出血性炎症，肌肉散在点状出血。

（2）水肿型：除有败血症变化外，其特点是咽喉部炎性水肿。水肿部位可以扩展到舌根、咽喉周围、下颌间隙、颈部、胸部乃至前肢皮下组织，切开颈部皮肤时，可见大量胶冻样橙黄色液体。体腔内积有大量纤维素性渗出物。

（3）肺炎型：除了表现败血症变化外，其特点是纤维素性胸膜肺炎，肺脏有不同的变化，如出血、充血与肝变，间质水肿增宽，肺脏切面呈大理石样。后期常发生化脓、坏死，因此病变区暗而无光泽。胸膜常有纤维素性附着物，严重时与肺或心包粘连，心包与胸腔积液，胸腔淋巴结肿胀、出血，气管、支气管内含泡沫样黏液。镜检初期肺脏充血、出血，肺泡腔有浆液、纤维素、红细胞和少量白细胞，间质水肿增宽，有大量红细胞和纤维素，淋巴管扩张，淋巴栓形成。以后肺泡与支气管中白细胞增多，并有化脓和坏死。

五、诊断

根据流行病学调查、发病情况、临床症状、病理变化等可做出初步诊断。确诊有赖实验室诊断。

1.标本采集与处理

可采取病牛生前的血液、水肿液等，死亡后可采取心血、肝、脾、淋巴结、骨髓和病灶等。脏器和淋巴结应先进行表面除杂，将组织块浸渍于95%酒精中立即取出，引火燃烧，如此反复2~3次；或在沸水中浸烫数秒，然后用灭菌刀剖切，将新鲜剖面在血琼脂平板一侧涂抹，面积约为平板的1/5，再用铂金耳自涂层上划线分离。分离时应涂抹整个平板，以提高检出率。

2.直接镜检

血液作推片，其他脏器等以新鲜剖面作涂片各若干，一部分用甲醛固定作革兰氏染色，一部分作瑞氏染色或碱性美蓝染色，如发现大量革兰氏阴性、两端钝圆、中央微凸的短小杆菌，且瑞氏或美蓝染色镜检发现为卵圆形、两极浓染、似呈并列的两个球菌，即可做出初步诊断。

3.分离培养

用麦康凯琼脂平板和血液琼脂平板同时进行分离培养，置于37℃环境中培养24小时，本菌在麦康凯琼脂平板上不生长，而在血液琼脂平板上生长良好，可长成较小的不溶血的淡灰白色、圆形、湿润的露珠样小菌落。涂片染色镜检，为革兰氏阴性杆菌。可进一步进行生化试验鉴定。

4.生化鉴定

将上述阴性杆菌进行纯培养，然后进行生化反应，该菌在48小时内可分解葡萄糖、果糖、蔗糖和甘露醇等，产酸不产气，一般不能发酵乳糖、鼠李糖、菊糖、水杨苷和肌醇，可产生硫化氢和氨，能形成靛基质，MR试验和VP试验均为阴性。

5.动物试验

取样本在灭菌乳钵中加生理盐水制成10倍稀释悬液；如果做纯培养的毒力鉴定，则用4%血清肉汤24小时培养液或取血液琼脂平板上菌落制成生理盐水菌液；皮下或腹腔接种小白鼠24只，每只0.2 mL。猪、禽强毒株在10小时左右可致死，一般在1~3天死亡；而牛出败样本死亡期可延长至1周左右；羊出败致病菌多为溶血性巴氏杆菌，对小鼠常不致死。死亡小白鼠呼吸道及消化道黏膜呈小点状出血，肝脏充血、肿大和有坏死灶，脾一般不肿大；取心和肝脏作涂片染色、镜检，见两极浓染的小杆菌，即可确诊。

6. 鉴别诊断

应注意与炭疽、牛肺疫、恶性水肿及气肿疽的鉴别诊断。炭疽虽在胸前、颈部也发生痛性水肿病变，但范围较局限；死后天然孔出血，血凝不良，脾呈急性炎性肿胀；用血液或脾脏涂片染色镜检可见典型的炭疽杆菌。牛肺疫临床症状较为和缓，主要表现呼吸系统症状：死后败血性变化不明显，一般无咽喉和颈部水肿，但肺脏呈典型的纤维素性肺炎各期变化，肺间质水肿、坏死明显，所以呈更为显著的大理石样花纹。恶性水肿主要经创伤感染，在感染灶局部有明显的炎性、气性肿胀，触之有捻发音；死后虽也有败血症变化，但无头颈部及肺脏的特征变化。气肿疽主要在臀、股部肌肉丰满处发生出血性气性坏疽，患部肌肉呈蜡样坏死，触诊患部有捻发音，以4岁以下青年牛多发，此类病变在巴氏杆菌病不易见到。

六、防治措施

1. 加强日常管理

牦牛巴氏杆菌病主要是由各种不良因素引起的。改善卫生条件，平时保持饲舍良好的卫生，舍内各种用具及时清洗消毒，降低各种刺激牛应激反应发生的可能，定期带牛群放牧，增强牛抵抗力。放牧时，应避免草场过湿，要让牦牛喝干净的水，时刻关注气候的变化，及时做好牛群的防风和防雪工作，并注意保暖。

2. 隔离消毒

一旦有感染病例出现，立即进行隔离，根据感染情况做进一步处理。病死尸体和排泄物要及时消毒，进行妥善处理，消毒后要进行深埋，不能随意丢弃。同时，对污染牛舍及周边环境使用浓度为5%的漂白粉或者是浓度为10%的石灰乳溶液进行彻底的消毒处理，迅速控制和扑灭该病。尚未有感染症状的假定健康牛，可用高价血清做免疫防控。7天后未出现感染病例，可全群进行免疫接种。

3. 药物治疗

疑似病例出现时，立即隔离就诊，病初使用抗牛巴氏杆菌病血清，皮下注射效果较好，接种剂量：大牛注射量60~100 mL/只；小牛30~50 mL/只。病牛发病后立即隔离治疗：可选用敏感抗生素治疗，如氧氟沙星，肌肉注射，3~5 mg/kg体重，连用2~3天；恩诺沙星，肌肉注射，2.5 mg/kg体重，连用2~3天。此外，链霉素与青霉素联合用药，2次/天。同时，配合磺胺类物如磺胺甲基嘧啶，静脉注射，可有效缩短疗程。

4. 疫苗预防

目前市场较普遍使用的疫苗，有强毒灭活菌苗、弱毒菌苗、亚单位疫苗三类。这三种疫苗接种后，均有不错的防病效果。体重不同，疫苗接种剂量略有差异。对于在100 kg体重以下的牛只，肌肉注射4 mL/只；体重在100 kg以上的牛只，接种6 mL/只，可维持免疫效力达9个月之久。

5. 尽可能避免病原的侵入

引进牛要隔离饲养，需要观察1个月以上。在发生长途运输、气候变化、转群等应激时，牦牛饲料或饮水中应添加药物进行预防。

参考文献

[1] 雷延龙.高海拔地区牦牛巴氏杆菌病的诊治[J].农家致富顾问，2019，（18）：87.

[2] 苏贵军.牦牛巴氏杆菌病的诊断与治疗[J].兽医导刊，2019，（16）：154.

[3] 铁成.牦牛巴氏杆菌病药物治疗[J].中国畜禽种业，2019，15（8）：165.

[4] 马景梅.牦牛巴氏杆菌病的防控[J].畜牧与饲料科学，2014，35（10）：91-92.

[5] 施利波.一例牛巴氏杆菌病的诊治及体会[J].福建畜牧兽医，2014，

（2）：35-35.

[6] 宋博利，李艳玲，蔡田等.浅谈牦牛源巴氏杆菌病的流行特点及防治对策[J].农家科技，2017，（7）：135.

[7] 李芙琴.三江源地区牦牛巴氏杆菌病调查[J].草业与畜牧，2010，（7）：47，58.

第五节　牦牛传染性胸膜肺炎

牦牛传染性胸膜肺炎又称牛肺疫，俗称"烂肺病"，是由牦牛丝状支原体丝状亚种引起的一种急性或慢性、接触传染性呼吸道疾病。此病以侵害肺部和胸膜为主，常伴有浆液性、纤维素性胸膜炎，病死率为30%～50%，病牛与带毒牛是主要传染源。病牛康复2年以上仍可能会带毒并感染健康牛。病原体可随尿、乳汁及产犊时的子宫渗出物排出，健康牛主要由飞沫经呼吸道感染，也可通过污染的饲料经消化道感染。发病不分年龄、性别和季节。随着养殖业的发展，本病呈上升趋势。不少国家地区均有发生，不同品系的牛都有易感性，但牦牛的易感性最大。世界动物卫生组织将本病列为A类疫病，我国将其列为一类疫病。

一、病原

本病病原是丝状支原体丝状亚种，它是支原体科原体属的微生物，革兰氏染色呈阴性。于1898年由Nocardhe和Roux分离培养成功，它呈多形性，如球形、球杆形、链球形、螺旋形、环形、半月形等，其中球形颗粒最为常见。对外界环境因素抵抗力不强，干燥和高温可迅速将其杀死，暴露于空气，特别是在直射阳光下，几小时便失去毒力。真空冻干保存，毒力可保持数年，对化学消毒药抵抗力不强。4～6℃能存活3个月。0.25%甲酚皂溶液（又称来苏儿）、0.1%升汞、2%石炭酸、5%漂白粉和1%～2%氢氧化钠能够快速杀死本病原体。

二、流行病学

1. 易感动物

牦牛是传染性胸膜肺炎的易感群体，另外奶牛、黄牛、水牛、犏牛、驯鹿及羚羊也属于易感动物，绵羊及骆驼在自然情况下不易感染，其他动物及人一般不感染，通常发病率大于65%，病死率高达50%。

2. 传染来源

主要是急性发病牛、隐性感染牛，康复牛也有传染性。如果病牛的肺部有病灶，即使被包裹住，但里面的病原体的可以保持较长时间的毒力，一有机会即从呼吸道排出病原。康复牛在病愈15个月后，甚至2~3年后还能感染健康牛。

3. 传播途径

自然感染的主要传播途径是呼吸道，病牛的咳出物或污染的尘埃被健康牛吸入，即可能被感染发病。经消化道传播的可能性也存在，病原体由尿及乳汁排出，在产犊时也可由子宫渗出物排出，污染饲草，经消化道感染健康牛。

4. 流行形式

该病在任何年龄的牦牛中都可发病，一年四季都可发生，以冬、春两季多发。在新疫区往往呈爆发性流行，病死率高。而老疫区发病较缓慢，因牛对本病具有不同程度的抵抗力，通常呈慢性经过或亚急性，往往属于散发。

三、临床症状

（1）潜伏期：为2~4周，短的8天，长的可达4个月。

（2）急性型：发病初期体温升高，可以高达40~42℃，鼻孔扩张，鼻翼扇动，有浆液或脓性鼻液流出。流泪，眼角有黏液或脓性分泌物，呼吸极度困难，后期心脏衰弱，脉搏细而快，胸腔积液严重时，仅能听到微弱心音或听不到心音，可见到胸下部及肉垂水肿，食欲丧失，尿量减少、浓度增加，奶牛泌乳停止。肺部听诊肺泡音减弱或消失，有胸膜摩擦音，胸前皮下水肿，腹泻与便秘交错发生，呼吸极度困难，甚至窒息而死。急性病例一般在症状明显后5～8天死亡，但也有病牛病势趋缓，全身状态改善，体温下降，逐渐痊愈或转为慢性。

（3）亚急性型：其症状与急性型相似，但病程较长，症状不如急性型明显而典型。

（4）慢性型：病牛表现消瘦，遇凉或偶尔发生干性短咳，叩诊病牛胸部有的有浊音区。在多发疫区患病牛消化机能紊乱，食欲反复无常，部分病例症状不明显，但长期隐形带毒。病程多数在2～4周，也有延续至半年以上者，如果饲养管理和治疗得当，改善环境卫生，可以逐渐恢复，但可能成为带毒者，长期排毒。如果饲养环境较差，则会导致病情恶化甚至传播疾病。

四、病理变化

典型的病理变化有：大理石样肺和浆液性纤维素性胸膜肺炎。肺和胸膜的变化，按其发生发展过程，分为初期、中期和后期3个时期。

（1）发病初期以小叶性肺炎为特征，肺炎灶充血、水肿，呈鲜红色或紫红色。

（2）中期为典型的浆液性纤维素性胸膜肺炎，同时有纤维素性心包炎。肺实质常在肺的一侧（尤其右侧）或两侧出现融合性纤维素性肺炎。肺炎区位于膈叶和中间叶，也有心叶和尖叶同时发病者。发炎肺叶肿大，增重，其中有鲜红、暗红、灰红、灰黄等不同色彩的肺小叶相互镶嵌，外观似多色性大理石样，故称大理石样变。这些肺叶处于纤维素性肺炎的不同发展阶段（充血水肿期、红肝变期与灰肝变期，常无吸收消散期）。浆液性纤维素性胸膜炎表现为胸膜上覆以灰黄色纤维素，纤维素可不断沉积，胸腔积聚大量混有纤维素絮片的浑浊渗出液。

（3）后期主要表现为肺部病灶坏死，被结缔组织增生的过程。肺胸膜纤维性增厚，肺胸膜与肋胸膜常发生纤维性粘连。肺实质的炎性渗出物机化，肺组织变实，故呈肺肉变。有时病部因动脉发炎和血栓形成可引起大块肺组织发生贫血性梗死，其切面隐约可见肺组织纤理。随病变发展梗死区外围可形成厚层结缔组织包裹，二者以间隙相隔，故梗死区在包裹中呈游离状。坏死的肺组织偶发生溶解并被咳出，局部形成脓腔或空洞，病灶完全瘢痕化。

五、诊断

主要依据典型的流行病学资料，结合临床症状以及胸腔解剖病变，做出初步诊断。要注意同牛巴氏杆菌病和牛结核病的区别。牛巴氏杆菌病是以出血性败血症为主要特征，牛结核是以多种组织器官形成结核结节、干酪样坏死和钙化病变为特征。定性确诊可借助实验室诊断方法，其中包括分离培养试验、血清学诊断和分子生物学诊断。

1. 分离培养试验

分离培养试验是目前使用最为频繁、最直接的一种传统诊断方法，同时也是该病最终能够确诊的必要技术方法。丝状支原体接种在人工培养基上生长速度较快，具有较高的分离率，所以诊断结果准确，但此种方法的检测速度较慢，并且效率低。

2. 血清学诊断

常用的血清学诊断方法包括玻片凝集试验（SAT）、补体结合试验（CFT）、琼脂扩散试验（AGP）、被动血凝试验（PHA）、微量凝集试验（MA）和酶联免疫吸附试验（ELISA）等。其中酶联免疫试验具有较好的敏感性。补体结合试验操作简单易执行，此种方法在我国也属于广泛应用的诊断手段。被动血凝试验在检测牛传染性胸膜肺炎时的敏感性相比较补体结合试验要高20%，但在没有发生过传染性胸膜肺炎的地区，此种方法检出的假阳性率较高。

3.分子生物学诊断

分子生物学诊断方法主要包括聚合酶链式反应（PCR）和核酸探针。PCR检测技术具有效率高、速度快、操作简单、灵敏度高等一系列优点，是目前实验室诊断疾病中使用较多的一种检测技术。核酸探针诊断方法的敏感性也较高，但是检测方法较为复杂，操作困难，目前通常不采用此种方法进行诊断。

六、防治措施

（1）在非疫区，应做到自繁自养，不从疫区引进病牛，必须引进时，要进行检疫。

（2）加强饲养管理，夏季避免圈舍内牛拥挤、空气流通不畅，避免长途运输等应激因素，做好圈舍卫生消毒工作。冬季要注意圈舍保暖防寒，对牛舍的内环境进行科学合理的控制，保证温度、湿度适宜，并且要加强通风管理，保持舍内空气新鲜，要饲喂富含蛋白质和维生素的饲草，保证牦牛能够获得充足的营养。

（3）做好疫苗接种工作，接种疫苗是控制和消灭该病的主要措施，在疫区和受威胁区每年定期接种牛肺疫兔化弱毒苗，连续接种2~3年。

（4）及时治疗患病牦牛，本病治疗无特效药物，发病早期用四环素和链霉素有一定的疗效。病牛症状消失，肺部病灶被结缔组织包裹或钙化，但长期带毒，应隔离饲养以防传染。具体措施如下：四环素或土霉素2~3g，静脉注射，1次/天，连用5~7天；链霉素3~6g，1次/天，连用5~7天；辅以强心、健胃等对症治疗。敏感药物有大环内酯类（如红霉素、泰乐菌素等）、泰妙菌素、喹诺酮类（如左氧氟沙星等）、四环素类（如土霉素等），可用上述药物配合解热消炎药、止咳平喘药进行治疗。

除西药疗法外，也可以配合使用中药，中药处方：黄芩、金银花、连翘、生石膏各70 g，紫花地丁100 g，甘草30 g，上述中药混合研磨成粉，开水冲灌。牛犊用量，则酌情减半使用，每天用1次，连续用2~3天，治愈效果明显。

（5）制定严格的防疫消毒制度，牦牛传染性胸膜肺炎对养殖业的危害较大，因此要重视其防控工作，必要时期可以成立专项防控小组，整体布局防控任务，监督落实消毒工作，确保防控效果。在牛场构建规划布局阶段应该充分考虑消毒池的设置，日常工作中，饲养人员要经过消毒后才能开始工作。定期消毒牛舍、运动场以及放牧草场。对粪便和病死牦牛尸体要进行无害化处理。保证牦牛生存环境的干净舒适。

（6）及早组织药防，加强药物保健。尝试用麻杏石甘散，经过拌料饲喂后，牦牛自由采食，连续用3~4天，防控牦牛传染性胸膜肺炎效果显著。

参考文献

[1] 谢海玲.牦牛传染性胸膜肺炎的综合防治技术[J].农家科技，2019，（9）：122.

[2] 拉毛彭措.牦牛传染性胸膜肺炎的综合防治[J].中国畜牧兽医文摘，2016，32（7）：110.

[3] 万玛吉.高原地区牦牛传染性胸膜肺炎的诊断要点与防控[J].畜牧兽医科学，2018，（8）：101-102.

[4] 黄东文.肉牛传染性胸膜肺炎的防治对策[J].农家致富顾问，2016，（18）：21.

[5] 格松.牦牛传染性胸膜肺炎的治疗与预防[J].中国畜牧兽医文摘，2016，32（03）：113.

[6] 李鹏林.牦牛传染性胸膜肺炎诊断与防治研究概况[J].中兽医医药杂志，2013，32（03）：71-74.

[7] 王承君.牛传染性胸膜肺炎诊断与防治[J].农家科技，2017，（1）：125.

第六节　牦牛沙门氏菌病（副伤寒）

牦牛沙门氏菌病，俗称牛副寒伤，主要是由多种血清型的沙门氏菌引起的一种临床上以败血症和肠炎为主要特征的细菌性传染病。本病引起人和动物的多种不同临床表现，幼、青年动物常发生败血症、胃肠炎及其他组织局部炎症。成年动物则往往引起散发性或局部性沙门氏菌病，在一定条件下亦偶尔引起急性流行性爆发。本病主要侵害幼龄牛犊，具有较高死亡率，有的可引起妊娠母牛发生流产，严重危害养牛业发展和牛体健康。

一、病原

沙门氏菌是引起该病的病原体，其主要有都柏林沙门氏菌、鼠伤寒沙门氏菌等。沙门氏菌为两端钝圆的中等大杆菌，无荚膜，无芽孢，除鸡白痢和鸡伤寒沙门氏菌外，绝大多数都有鞭毛，革兰氏阴性。大多数沙门氏菌在各种普通培养基上均生长良好，在SS琼脂、远藤氏琼脂上形成与培养基颜色一致的淡粉红色或无色菌落。沙门氏菌根据其抗原（菌体抗原、鞭毛抗原和表面抗原）结构的不同分成许多血清群及血清型，目前世界上已发现有2 107个血清型，我国至今已发现30多个群201个血清型。许多血清型能够产生毒力很强且耐热的内毒素，尤其是肠炎沙门氏菌、鼠伤寒沙门氏菌和猪霍乱沙门氏菌，可使人发生食物中毒。本菌具有较弱的抵抗外界环境的能力，多数消毒药物都能够将其杀死，如2%氢氧化钠。

二、流行病学

1. 传染源及传播途径

带菌牛或其他感染动物为主要传染源，临床健康的牛带菌现象较普遍，多达10%以上。患病牛及带菌牛的粪、尿、乳及流产胎儿、胎衣和羊水等可排出病菌，污染饲料和饮水，健康牛经消化道感染，也可经交配或用病公牛的精液人工授精以及胎盘感染。鼠类可传播本病。健康畜禽的消化道、淋巴组织和胆囊内存在本菌，当动物抵抗力降低时，病菌繁殖引起内源性感染。连续通过易感动物，沙门氏菌毒力增强，可扩大传染。

2. 易感动物

人、家畜和家禽以及其他动物对沙门氏菌属的许多血清型都有易感性，各种年龄畜禽均可感染，但以幼龄畜禽易感性更高。

3. 流行特点

本病一年四季均可发生。成年牛多发于夏季，牛犊常在早春以及夏季发病。本病一般呈散发性。凡能使动物抵抗力降低的因素，如饲养管理不良、气候恶劣、过度使役、长途运输、营养不良，哺乳不当、寄生虫等均可促进本病发生。

三、临床症状

牛犊作为易感种群，常于10~14天以后发病，体温可高达41℃，脉搏、呼吸加快，排出含有血丝或黏液的恶臭稀粪，表现出拒食、卧地不动、迅速衰竭等症状。一般于病症出现后5~7天死亡。部分病牛可恢复，病程长的会出现关节炎、跛行和附关节肿大，有的还伴有严重的支气管炎和肺炎。

成年牛发病出现高热、昏迷、食欲废绝、脉搏紊乱、呼吸困难，心理衰竭、昏迷不醒等症状。病牛体力迅速下降，大部分牛在染病后12~24小时，表现出腹泻症状，粪便稀薄带血丝，不久即下痢，粪便恶臭，带有黏液或黏膜絮片。病程长的，病牛腹痛剧烈，体型快速消瘦，常用后肢蹬踢腹部，可见脱水、眼球下陷、眼结膜充血发黄等症状。急性发病牛有的在发病后24小时内死亡，大部分是在1~5天内发生死亡。

怀孕牛会发生流产，从流产胎儿中分离出沙门氏菌。个别成年牛有时表现为顿挫型经过，表现为发热、食欲减退、精神萎顿，产奶量减少，不久这些症状即可消失。少部分病牛会变成隐性经过，只是经由粪便排出病菌，但在数天后就会停止。

四、病理变化

急性死亡的牛犊，心壁、膀胱黏膜、腹膜及胃肠黏膜出血，肠系膜淋巴结水肿或出血，病程长的病例，肝色泽变淡，胆汁黏稠而混浊。肝脏、脾脏和肾脏都有坏死灶。关节受到损害的，腱鞘和关节腔内含有胶样液体。肺脏可见肺炎病灶区。

成年牛主要表现为出血性肠炎，肠黏膜潮红、出血，严重的肠黏膜发生脱落，大肠有局限性坏死区，肠系膜淋巴结不同程度水肿、出血，脾脏充血、肿大，肝脏发生脂肪变性或有灶性坏死区。胆囊壁增厚，胆汁混浊，呈黄褐色。脾充血、肿大。肺有肺炎区。

五、诊断

根据本病的主要临床症状如牛犊出现下痢、发热、食欲废绝、呼吸困难，孕牛发生流产，病程延长时可见腕、跗关节肿大，成年牦牛症状不明显及剖检变化可做出初步诊断，确诊可采集发热期的血液或者乳汁、粪便、肝脾脏等器官进行沙门氏菌的培养鉴定。

1. 细菌分离、培养与鉴定

生前取血液、分泌物、排泄物；死后采血液、肝脏、脾脏、淋巴结及胸腔渗出液作为病料。染色镜检：在无菌环境中，取病死牛的肝脏、脾脏、肺脏、肾脏以及心血进行涂片，分别用革兰染色法和瑞氏染色法进行染色，在显微镜下可见两端椭圆、不运动、不形成芽孢和荚膜的革兰氏阴性短杆菌。用普通琼脂、SS琼脂、鲜血琼脂及麦康凯琼脂在无菌环境中接种病死牛的粪便，并置于37℃下培养24小时，观察可发现结果普通琼脂培养基、鲜血平板培养基上均长出圆形，表面光滑、湿润，周围无溶血，边缘整齐的小菌落。麦康凯培养基上长出圆形菌落，整个无色透明或者有黑色圆点存在于中间。挑取无色透明的菌落和培养基进行涂片，都经过革兰染色后放在显微镜下观察，其组织结构和形态都表明是革兰氏阴性杆菌。

2. 免疫学检测技术

免疫学检测方法一般是应用抗体或抗原与相应的抗原和抗体特异性结合产生相应的可被监测到的信号来反映待测样本中是否有待测物质，可应用于疾病的诊断、治疗效果评价、发病机理探讨及免疫分子和抗原物质的定性、定量测定等。目前已经建立的沙门氏菌免疫学检测方法包括：酶联免疫吸附试验、免疫荧光法、免疫磁性分离法、免疫组织化学法、免疫层析技术、乳胶凝集法、放射免疫分析法、免疫传感器法、免疫扩散法、葡萄球菌A蛋白协同凝集试验等。

3. 分子生物学方法

分子生物学方法以核酸检测为基础，能够通过检测特异性基因片段的有无，从而鉴定致病菌种属。目前沙门氏菌分子生物学检测方法有聚合酶链式反应技术、环介导等温扩增技术、核酸探针技术、基因芯片技术、斑点杂交技术、扩增片段长度多态性技术和噬菌体裂解实验等。其中前4种方法具有简便快速、灵敏度高、特异性强等优点，现已广泛应用于遗传病诊断、微生物检测等诸多领域。但是，由于这些方法技术含量高，对仪器和操作人员的要求也相应较高，因此未能在基层广泛推广。

六、防治措施

1. 加强饲养管理

注意牦牛圈舍的保暖，尤其是冬季，保持清洁干燥。及时清粪，通风，排出有害气体。防止和减少应激，提高机体抗病力。防止鼠类污染饲料、水源。运动场、牛犊舍以及饲养用具等要及时进行清扫、洗刷，定期使用2%氢氧化钠溶液进行消毒。工作人员进出牛舍，以及车辆入场均须进行严格消毒处理。正常情况下，每星期进行1~2次消毒，就能够减少环境中含有的病菌数量，防止发生感染。

2. 妊娠母牛尤其是妊娠后期必须饲喂品质优良的饲料

产房保持清洁卫生，且接产过程要加强对脐带进行消毒。定期对奶具进行消毒，检查饮水及所用饲料质量状况，保证食源洁净卫生。应使牛犊尽早吃上初乳，尽快获得母源抗体，抵御疾病的侵袭。

3. 加强疾病检疫工作

平时可以对牦牛群进行检查，采用直肠拭子和阴道拭子，及时检出患病牛及带菌牛。根据疫病检疫结果，对有治疗价值的病患牛，可进行隔离治疗。病重牛可予以淘汰，病死者无害化处理，深埋或焚烧，坚决不能食用。

4. 药物预防

在本病高发的地区，可定期预防用药。但是要注意不能长时间使用一种药物，更不能一味加大药物剂量。应该考虑到有效药物可以在一定时间内交替、轮换使用，药物剂量要合理，防治要有一定的疗程。

5. 接种疫苗

对于小于6月龄的牛犊，可采取皮下接种沙门氏菌菌苗，能够有效预防感染。对于经常出现发病的养牛场，可对妊娠母牛接种疫苗，从而使后代牛犊得到较好的被动免疫，避免出现发病。

6. 药物治疗

治疗原则是抗菌消炎、止泻补液。病牛可按体重肌肉注射0.1 mL/kg恩诺沙星，2次/天，连续使用3天；按体重肌肉注射5 mg/kg头孢噻呋钠，1次/天，连续使用3天；按体重肌肉注射1.0~1.5 mg/kg

庆大霉素，2次/天，连续使用3天；按体重口服0.08~0.2 g/kg磺胺甲基嘧啶，2次/天，连续使用3天。链霉素按体重肌肉注射10 mg/kg，2次/天；诺氟沙星按体重肌肉注射10 mg/kg，2次/天；磺胺脒按体重肌肉注射0.1~0.3 g/kg，2次/天。在应用上述药物治疗的同时，可配合调整肠胃机能，加快患牛康复。用将葡萄糖（含量67.53%）、氯化钠（含量4.34%）、甘氨酸（含量10.3%）、枸橼酸（含量0.81%）、枸橼酸钾（含量0.21%）、磷酸二氢钾（含量6.8%）混合调配，取混合药物64 g，加入2 000 mL水，待停乳2天，口服饮用，2次/天，1 000 mL/次。

参考文献

[1] 陈天祥，吴毅鹏，扎巴多吉，等.牦牛沙门氏菌病诊断[J].四川畜牧兽医，2018，45（02）：54.

[2] 史正明.牦牛沙门氏菌病的诊治[J].养殖与饲料，2016（05）：64-65.

[3] 赵春阳，江强世，刘畅，等.沙门氏菌检测方法研究进展[J].中国奶牛，2018，（10）：27-31.

[4] 魏永艳.牛沙门氏菌病及防治[J].中国畜牧兽医文摘，2014，（3）：135-135.

[5] 段利雅.牛沙门氏菌病及其防治措施[J].养殖技术顾问，2011，（12）：152-152.

[6] 解洪业.牦牛沙门氏菌病的研究现状、存在的问题与对策[J].青海畜牧兽医杂志，2003（01）：39-40.

第七节　牦牛犊大肠杆菌病

牦牛犊大肠杆菌病是牦牛养殖中的一种常见疾病，此病典型症状为腹泻下痢。它会影响牦牛犊的食欲，促使其精神不振，在短时间内造成体重急剧下降，严重影响牦牛犊的生长发育甚至是生命健康，给牦牛养殖业造成严重的经济损失。所以，有效的牦牛犊大肠杆菌病诊治方式具有重要的现实意义。

一、病原

大肠杆菌是条件致病菌，在一定条件下可以引起人和多种动物发生胃肠道感染或尿道等多种局部组织感染。大肠杆菌的血清型相对较多，且极具复杂性。大肠杆菌自身具有56种H鞭毛抗原、171种O菌体抗原、103种K荚膜抗原，组成种类繁多复杂的血清型。不同血清型的大肠杆菌往往能够促使动物发病。

二、流行病学

大肠杆菌在自然界内广泛存在，属于养殖业常见致病菌。牦牛犊大肠杆菌病一年四季均可发生，常见于冬春季节，放牧季节很少见，多为地方性流行或散发，具有发病快、潜伏期短、死亡率高等特点。牦牛犊大肠杆菌病多发于出生后1月龄内的牦牛犊，产后10天以内的牦牛犊最易感，牛犊出生后2～3天开始发病，发病急、发病率高，死亡率可达50%。

由于大肠杆菌广泛存在于自然界之中，可随着乳汁、饲草、饮水等进入牦牛犊胃肠道，有时也可经母牦牛子宫或牦牛的呼吸道感染。初生牦牛犊抗病力弱，如果未及时获取初乳，没有得到母源抗体，或感染消化系统疾病等均可诱发牦牛犊大肠杆菌病。此外，各种不良应激，如母牛体质弱、牛舍环境卫生状况差、牛舍内小气候骤变等，都可加大感染机会，促使此病发生和传播。

三、临床症状

牦牛犊大肠杆菌病临床以急性败血病或排白色稀便为主要特征，轻者影响牦牛犊生长发育，重者造成牦牛犊死亡。根据牦牛犊大肠杆菌病的临床症状，一般可以分为白痢（肠）型、肠毒血型和败血型3种类型。

1.白痢（肠）型

白痢（肠）型牦牛犊大肠杆菌病是因为肠致病性大肠杆菌菌株在小肠内生长繁殖，由此产生了肠毒素。该型一般发生于1～2周的牦牛犊，感染初期病例多数体温骤升至40℃，发病数小时之后会逐渐降到正常温度范围之内。随即开始出现腹泻，粪便初如粥状，淡黄色，病程加剧后呈水样，灰白色，腥臭味，混有血丝、泡沫及未消化的凝乳块。发病后期，牦牛犊肛门严重失禁，尾和后躯被粪便污染，腹痛，长期卧地不起，体温降至正常温度范围以下。最后，因严重脱水和体内电解质失衡，于1～3天内虚脱死亡。在发病初期经过及时的、对症的治疗，一般均可痊愈，但严重者痊愈后往往会出现生长发育严重迟缓，并伴有脐带炎、关节炎等后遗症。

2.肠毒血型

临床较为少见，一般主要集中在7日龄左右的牛犊身上，病死率高达100%。致病因素在于特异血清型大肠杆菌增殖与大肠杆菌在牦牛犊肠道内大量增殖产生的毒素。肠毒血型牦牛犊大肠杆菌病感染后无典型症状，不呈现菌血症，通常无症状突然死亡或病牛腹泻症状出现后便会突然病死。某些牦牛犊病程较长，可出现典型的中毒症状，即不安、兴奋，后期沉郁、昏迷，最后衰竭死亡。

3. 败血型

败血性牦牛犊大肠杆菌病，通常是由菌血症大肠杆菌所诱发，伴有不同程度的败血症表现。患病牦牛犊一般为2～3日龄的初生牦牛犊，有的没有任何症状就突然死亡，也有的伴有剧烈腹泻，一般在发病1～2天内死亡。该病发病急、病程短，死亡率极高。牦牛犊患病初期体温异常升高，精神萎靡不振，食欲减退甚至废绝，继而发生腹泻。发病后期，病牛表现肠音高朗，呼吸快速且无力，脉搏弱且细，耳鼻凉，腹痛，且肛门失禁等症状。一般在典型症状出现后数小时至1天内出现急性死亡，致死率在90%以上，部分病牛未出现腹泻症状之前就已死亡。实验室从患牛的血液、内脏等组织中可分离出致病性大肠杆菌。

四、病理变化

牦牛犊大肠杆菌病的主要表现为消化道炎症。败血症或肠毒血症死亡的牛犊常无明显的病理变化。白痢（肠）型死亡的牛犊，机体消瘦，黏膜苍白，眼眶下陷，肛门、尾部及后肢被稀粪污染。解剖病体后可以明显观察到胃里有大量凝固的乳块，黏膜出现充血以及红肿，有明显胶状的黏液，褶皱之上有些还有充血和点状血丝；胆囊内充满黏稠暗绿色的胆汁；肝脏和肾脏明显苍白，有明显出血点；心内膜有出血点；肠系膜淋巴结肿大；小肠会有黏膜充血的情况，其小肠褶皱处充血，黏膜上皮脱落；大肠内有一些血液和气泡，恶臭味。病程长的病牛，可见到肺炎及关节炎变化。

五、诊断

实验室检测发病的牦牛犊，使用无菌器皿将直肠内的液体取至试管中。对于病死的牛犊，在死亡后的5～6小时迅速无菌采集心、肝、脾、肾、肺、气管等病体材料，送至实验室检查。将无菌采集到的病体材料接种于常见的培养基：营养琼脂培养基、LB培养基、麦康凯琼脂培养基等进行分离纯化，观察培养特性，选取生长菌落进行生化鉴定确定是否为大肠杆菌。再用大肠杆菌因子血清，鉴定抗原构造。如为常见的大肠杆菌血清型，即可做出诊断。若不是常见的致病血清型，可做肠毒素检查及动物回归试验。根据临床症状、病理变化结合实验室检测，可以诊断是否为牦牛犊大肠杆菌病，以及具体的致病菌类型和致病类型。

六、防治措施

1.治疗措施

确诊为牦牛犊大肠杆菌病后，需要及时采取治疗措施。败血型和肠毒血症感染病例，多数来不及治疗即死亡。白痢（肠）型病例可考虑选择抑菌性药物，经过及时诊治，辅助对症疗法，基本可康复。主要包括4步。

（1）清除胃肠道内的有害物质：主要是利用硫酸钠来清理牛犊体内的有害物质。它可以有效防止病牛持续腹泻，减少机体损伤，同时有消炎、镇静的效果。取30 g硫酸钠，加入适量的水进行一次性灌服，当患牛腹泻不止的情况以及腥臭味减少且排出的粪便中没有了水样的黏液时，就不用再对牦牛犊的胃肠道进行清理了。如果病牛腹泻严重，可以采用灌肠的方式清理病牛肠道，排出有害物质。

（2）保护胃肠道黏膜，灌服止泻剂：灌服止泻剂，对患牛进行止泻。止泻剂包括：药用炭15 g，酸性蛋白5 g，3 g适量碳酸氢钠（小苏打）。可用止泻剂添加适当的水进行一次性灌服，有效利用药用炭的吸附作用吸附肠内有害物质，保护胃肠内黏膜，同时可以在胃肠道黏膜表面形成保护层，减少胃肠道对有毒物质的再吸收；小苏打可以为牦牛犊补充一些盐离子，保证牛犊体内的电解质平衡，同时也可以清理肠道内的有毒物质。

（3）抑菌消炎：

a.西药疗法。

常用的抗生素类药物有：土霉素，0.05 ~ 0.11 g/kg体重，一次内服，3次/天；硫酸庆大霉素，5 mg/kg体重，肌肉注射，早晚一次，7天一疗程；硫酸小檗碱，2 ~ 4 mL/次，肌肉注射，间隔6小时注射1次，2天为一个疗程。

磺胺类药物，联合用药：磺胺脒（3 g/次）、胃蛋白酶（1.5 g/

次）、甲氧氨苄嘧啶（0.6 g/次）、碳酸氢钠（1.5 g/次），适量内服，2次/天，连用2天。

其他抗菌药物：临床实践中可以选择呋喃唑酮、痢菌净等。近些年，微生态制剂"促菌生""调痢生"等也被广泛用于大肠杆菌的治疗，都有很好的临床治愈效果。

b.中药疗法。

处方：甘草、葛根各15 g，白头翁30 g，黄连、黄檗、秦皮各20 g。上述药物混合水煎，2次/天，疗效显著。

（4）补充体液：腹泻严重的病牛需要及时补液，一旦脱水会造成严重的机体损伤。补充体液采用5%葡萄糖生理盐水，添加适量维生素，同时给予10%安钠加4 mL，和水混匀后共250 mL，采用静脉注射，每日两次。同时，注意调整胃肠机能，达到辅助治疗的效果。

2.预防措施

（1）创建良好的生长环境

牛舍保持通风，提供较稳定的气候条件，并保证牛舍的干净与卫生，定期对牛和牛舍进行打扫和消毒，每年定期驱虫。保证牧草、饲料和水源的卫生及充足供应，为牦牛犊创建良好的生长环境。

（2）加强母牛妊娠期管理

在母牛的妊娠期内科学配比饲料，注重微量元素的摄入，确保各阶段营养补给满足胎牛的生长发育要求。加强母牛的运动和锻炼，从根本上提高牦牛犊的身体素质，提高牦牛犊对各种疾病的抵抗力。

（3）接种疫苗

在母牛妊娠期和牦牛犊出生后进行大肠杆菌疫苗接种，可以有效提升牦牛犊的免疫力，抑制牦牛犊大肠杆菌病的发生。

（4）保证牛乳充足

母牦牛分娩后1周，禁止对其挤奶。尽量确保牦牛犊能吃足初乳，获得强免疫抗体，有效抵御各类疾病的侵蚀。同时注意母牛饲料的投喂，确保母牛能产生充足的乳汁。

（5）牦牛犊日常管理

生产后2周内安排在暖棚中，避免因气候变化生病。晴天，将牦牛犊驱赶到户外活动，适量运动增强体质。确保牦牛接受充足的光照，增加体内维生素D和胆固醇的含量，促进骨骼发育，提升自身抗病能力。

参考文献

[1] 彭毛卓玛.牦牛牛犊大肠杆菌性腹泻的诊治探讨[J].兽医导刊，2017，（12）：139.

[2] 赵小红.牦牛犊大肠杆菌病的诊断与治疗[J].中国畜牧兽医文摘，2015，27（6）：160.

[3] 红沙.牦牛犊大肠杆菌病的诊断与防治[J].中国畜牧兽医文摘，2015，（3）：136.

[4] 才代阳.牦牛犊大肠杆菌性腹泻的诊治体会[J].中国畜牧兽医文摘，2015，（10）：160.

[5] 春花.关于牦牛大肠杆菌病的研究进展[J].兽医导刊，2019，（4）：134.

[6] 华忠吉.牦牛牛犊大肠杆菌性腹泻的诊治[J].中国畜禽种业，2019，（10）：77.

第八节　牦牛嗜皮菌病

牦牛嗜皮菌病是由刚果嗜皮菌引起的一种呈急性或慢性感染的细菌性疾病，以浅表渗出性、脓疱性皮炎，局限性痂块和脱屑性皮疹为主要临床特征，为各种动物和人类共患的皮肤性接触性传染病。本病传染性较强，发病呈现地区性集中，病情顽固，治疗时间较长，可造成患病牦牛皮永久性伤疤，并可导致一定数量的病牛死亡，给牦牛养殖业、制革工业和外贸出口带来严重影响。所以，有效的牦牛嗜皮菌病诊治方式具有重要的现实意义。

一、病原

刚果嗜皮菌属嗜皮菌属，革兰氏染色阳性，为非抗酸的需氧或兼性厌氧菌，于1915年首先在刚果的发病牛中分离出。本菌能产生菌丝，宽$2 \sim 5~\mu m$，菌丝有中隔，顶端断裂呈球状体。球状体游离后多成团，成团的球状体被胶状囊膜包裹，囊膜消失后，每个球状体即成为有感染力的游动孢子，游动孢子有鞭毛，能运动。干燥的孢子能够长期存活于干痂中。在36℃含血液或血清的琼脂培养基下生长良好。菌落形态多样，呈灰白色。本菌对青霉素、链霉素敏感。

二、流行病学

牦牛嗜皮菌病存在于非洲、亚洲、欧洲、美洲和大洋洲的许多国家。我国于1969年首次发现本病，之后相继在西藏、四川、青海的牦牛中发现病例，呈地方性流行趋势发展，感染率50%~90%，致死率30%。此病常见于炎热、多雨、潮湿的季节。病牛和带菌牛是本病主要的传染源，一般通过直接接触或吸血昆虫传播。当皮肤破损，被蝇、虱等吸血昆虫叮咬，甚至皮肤潮湿时直接或间接接触被病菌污染的饲槽、用具，病菌即可侵入皮肤而引起感染发病，垂直传播也可能发生。各个年龄阶段的牛均具有易感性，牛犊易感性最高。研究证明，牛只营养不良、吸血昆虫频繁等，都是此疾病的重要诱因。除了牦牛易感外，马、羊等多种动物均可被感染，人也有感染的可能。

三、临床症状

本病临床以皮肤出现面包样皮屑，形成明显的圆形、不成圆形或轮状癣斑，且以脱毛、渗液和结痂等病变为主要特征。

成年牛感染嗜皮菌后潜伏期大约为1个月，牛犊为2～14天。由于发病后牦牛体温、脉搏、呼吸均正常，而且早期症状不显著，易被养殖人员忽视。病菌首先是损害皮肤，通常从背部皮肤开始，皮肤表面小面积充血，出现小丘疹，波及附近毛囊和表皮，分泌浆液性渗出物，将被毛和细胞碎屑凝结在一起，形成结痂块。结痂呈灰色或黄褐色，呈圆形，大小不等，高出皮肤。病畜表现奇痒症状。而后蔓延至中间肋骨外部，可波及颈、前躯、胸下和乳腺后部、腋部、肉垂、腹股沟及阴囊处，有的牦牛仅在四肢弯曲部发病。幼犊的病损常始于鼻，后蔓延至头颈部，造成被毛脱落，皮肤潮红。当感染症状轻微时，少数病畜可能自愈。如感染面积达到50%以上时，极易导致机体虚弱、营养不良，常死于诸多脏器衰竭、低蛋白血症、菌血症等。

四、病理变化

皮肤创伤和雨水浸渍，会为病菌侵入提供便利条件。侵入皮肤的刚果嗜皮菌游动孢子在皮肤弥散二氧化碳的影响下开始发芽，发芽管伸长成菌丝，菌丝成长变粗，产生分枝菌丝侵害毛囊，然后侵入表皮颗粒细胞层和角化层之间。受感染的毛囊外根鞘或表皮角化上皮出现急性炎症反应，表现为毛囊炎，海绵样变，微脓肿等一系列病症，使表皮和毛囊外根鞘表皮发生棘皮病和不完全角化等。引起中性粒细胞集聚，产生琥珀色白浆，浆性渗出物蓄积并向表面渗出，最终导致痂块形成。病原菌不能穿过基底膜侵入到真皮，病变局限于表皮。当基底膜发生破坏时，病原菌才能侵入真皮，引起真皮病变，表现为真皮血管高强度充血，皮肤硬化和表皮过度增生，以及慢性炎症反应，尤以淋巴细胞为主，包括少量浆细胞。

五、诊断

若牦牛体温、脉搏、呼吸均正常，但皮肤出现浅表渗出性、脓疱性皮炎，局限性痂块和脱屑性皮疹等牦牛嗜皮菌病主要临床特征，结合流行特点可做出初步诊断，确诊要依靠病原体检查。细菌检查可取病灶脓汁涂片，革兰氏染色，镜检出革兰氏阳性的分枝的菌丝及多隔的菌丝，成行排列的球菌状孢子时，可做出确诊，必要时可进行病原培养鉴定。另外，牦牛嗜皮菌病的PCR诊断方法和血清学诊断方法，如免疫荧光抗体技术、间接红细胞试验、琼脂扩散试验、酶联免疫、吸附试验、凝集试验等已用于本病的诊断，并取得了良好的确诊效果。

六、防治措施

1. 治疗

牛嗜皮菌病目前还没有适合的疫苗，治疗要本着早发现、早诊断、早治疗的原则。治疗较多使用抗生素、皮质类固醇、有机氯杀虫剂、合成除虫菊酯，采用局部治疗和全身治疗相结合的方式，效果明显。局部治疗可涂擦合剂，全身治疗可注射抗生素。

（1）局部治疗：局部治疗时，先以温肥皂水润湿皮肤痂皮，除去皮肤所有痂皮及周边渗出物；然后用5%水杨酸钠酒精溶液或1%龙胆紫酒精溶液对患处进行全面涂擦；用双季铵盐消毒液进行500倍稀释后清洗患处，每日一次，连洗三日；并可用生石灰500 g、硫黄粉1 000 g，加水10 000 g，文火煎3小时，趁温热涂患处。

（2）全身治疗：全身治疗的常用药物有青霉素、链霉素、土霉素、螺旋霉素等。青霉素10 000 IU/kg体重、硫酸链霉素10~15 mg/kg体重，两者混合，用地塞米松稀释，肌肉注射，每天两次，5天为一个疗程；土霉素，5~10 mg/kg体重，肌肉注射，每天两次；螺旋霉素，4～20 mg/kg，肌肉注射，每天两次；或用复方肿节风注射液，牦牛0.1 mL/kg体重，连用3天。也可内服或静脉注射碘化钾，疗效较好。

2.预防

（1）搞好牛舍环境卫生：定期清理打扫牛舍，并及时消毒。保证牛舍的通风和干燥，为牦牛提供干燥舒适的环境。牛舍中应用灭蚊蝇粉喷雾以驱避蚊蝇等昆虫，达到切断本病的传染途径的目的。

（2）日常管理：保证饲料供应，可添加少量微量元素锌，增强牦牛抵抗力。保持牦牛体表干燥，防止受到雨淋以预防嗜皮菌病的发生。加强牛只管理，定期组织疾病检疫工作。一旦有染病情况出现，立即对病患畜进行隔离治疗，并对圈舍和畜体严格消毒。因本病可感染人，故有关饲养人员应注意自我防护（可用0.2%新洁尔灭消毒皮肤）。

参考文献

[1] 周跃塔，曾泽，张斌，等.牦牛嗜皮菌病的诊断[J].动物医学发展，2014，（10）：127-128.

[2] 瞻明.牛嗜皮菌病[J].中国畜牧兽医文摘，2013，（10）：87.

[3] 昝学恩.牛嗜皮菌病的防控措施[J].中国畜牧兽医文摘，2014，（5）：159.

[4] 杨佳徽.牛、羊嗜皮菌病的剖检变化与实验室检验[J].养殖技术顾问，2013，（11）：140.

[5] 韩文星，陈玉，王静梅，等.绵羊嗜皮菌PCR诊断方法的建立[J].中国兽医学报，2009，29（1）：49.

第九节　牦牛肉毒梭菌毒素中毒症

牦牛肉毒梭菌中毒症是由于牦牛摄入肉毒梭菌毒素所引起的，一种以运动神经麻痹及延脑麻痹为主要特征的，病死率极高的神经麻痹性疾病。由于其治疗效果较差，往往给畜牧业生产造成较大损失，严重危害畜牧业健康发展。所以，有效的牦牛肉毒梭菌毒素中毒症的诊治方式具有重要的现实意义。

一、病原

1. 肉毒梭菌

肉毒梭菌广泛分布于自然界，属于专性厌氧菌，能产酸产气，长 4~8 μm，宽 0.6~1.2 μm。呈单个或呈对存在，有时可形成短链。无荚膜，有鞭毛，能运动，产生的芽孢为卵圆形。肉毒梭菌可分为多个血清型（A、B、C、D、E、F 和 G），其中 C 型又分为 Ca、Cb 两型。菌体本身无致病性，当有适宜的环境时会大量繁殖并产生毒素，牦牛食用后造成中毒。

2. 肉毒梭菌毒素

肉毒梭菌毒素是由肉毒梭菌产生的外毒素，各型菌产生的外毒素具有特异性，只能被相应的抗菌素中和，引起牦牛中毒的主要是 C 型梭菌杆菌。它是一种神经毒素，能引起运动神经麻痹。毒性极强，1 mL 纯肉毒梭菌毒素可致上万人死亡。这种毒素对胃酸和消化酶都有很强的抵抗力，在消化道内不会被破坏，毒素能耐受 pH 3.6~8.5。对温度也有抵抗力，毒素在 100℃环境中需要 15~30 分钟才能破坏。

二、流行病学

牦牛肉毒梭菌中毒症一般不具有传染性，自然发病的病例主要是因为食入腐尸、被腐败物污染的饲料和饮水等。发病无年龄差别，平均潜伏期 4~24 小时，同等条件下，膘情较好的牦牛发病率相对较高。本病具有明显的季节特征，集中暴发于温热多雨的夏秋季，由于毒素异常稳定，冬春季也有某些个例出现。本病同时具有明显的地域特征，在缺磷、缺钙的草场放牧的牲畜有舐啃尸骨的异食癖，更易于发生中毒。

三、临床症状

牦牛肉毒梭菌中毒症无年龄差别，主要是通过摄入肉毒梭菌毒素的量来确定该病的严重性、潜伏期和病程，一般潜伏期为4～24小时，没有发热症状，病程通常为1～3天。

少量牦牛会没有任何症状而突然死亡，死亡牛头扭向一侧，舌头垂于口外且呈紫色。部分患病牦牛表现出精神抑郁，并从头部开始出现运动麻痹，向全身发展。牛头向下低垂，瞳孔散大，站立困难，甚至卧地不起，对外界的各种刺激不做反应。同时消化肌肉软弱和麻痹，咀嚼吞咽困难，然后流涎，舌垂于口外，采食困难。病畜体温升高达40℃以上，最高达42.8℃，鼻液中夹杂血丝，最后呼吸困难至麻痹死亡，临死前体温恢复正常。有些病例出现轻微临床症状，经3～4周后可康复，康复牦牛在病情好转后的3个月内常伴有较重的呼吸音。

四、病理变化

1.发病机理

肉毒梭菌毒素进入牦牛体内后，经由胃和小肠的黏膜吸收后进入血液和淋巴中，随着血液循环到达神经系统。毒素的作用位点位于神经肌肉接头处，能够有效阻止胆碱能神经末梢释放乙酰胆碱，延缓神经兴奋，引起病牛运动神经麻痹。此外毒素会对中枢神经系统的运动中枢造成损伤，引起呼吸肌麻痹，动物最终窒息而亡。

2. 病理变化

体表淋巴结有散在出血点；口腔内有恶臭味和咀嚼不全的饲草，舌头伸出口外，呈现青紫色；下颚有黄色脓性黏液水肿；喉管有灰白色脓浆液；所有内脏器官充血，胃严重臌气；脾脏两侧出现米粒大小的出血点；肝和胆淋巴水肿；肠黏膜出现炎症；肾变软破裂；肺与膈肌粘连，发生肿胀，充满血液；心室内充满凝血块，心脏肿大。

五、诊断

根据运动神经麻痹和精神抑郁等临床症状以及通过注射抗菌素治疗，可以初步怀疑为肉毒梭菌毒素中毒症。利用肉毒梭菌毒素100℃加热15～20分钟失活这一特性做确诊实验。采集患病牦牛食用的可疑饲料及其血清、胃肠内容物，加两倍以上的无菌生理盐水，充分研磨后制成悬浮液，在室温下静置2小时。在离心机上以每分钟2 000转，离心5分钟。取上清液添加肉毒梭菌毒素，混匀后分成两份。一份不加热供毒素试验，另一份100℃加热30分钟供对照用。各分为三组，分别接种鸡（0.1～0.2 mL）的眼内侧皮下、小鼠（0.2～0.5 mL）、豚鼠（1～2 mL）。若鸡接种不加热病料0.5～2小时后，侧眼闭合，并于10小时后死亡，小鼠和豚鼠在接种不加热病料2天内出现运动麻痹的症状，最终因呼吸困难死亡，而对照组接种后鸡、小鼠、豚鼠均正常，则可以断定为肉毒梭菌毒素中毒症。也可使用口服试验、血凝试验、免疫荧光试验、PCR试验鉴定毒素的类型。

六、防治措施

1.治疗

牦牛肉毒梭菌毒素中毒症死亡率很高，能挽救回来的病牛极少。发现病牛后，应尽快进行确诊，利用静脉或肌肉注射多价肉毒梭菌抗毒素血清。注射剂量为成年牛500～800 mL，每天一次。确定毒素的类型后，再注射相应的同型抗毒素单价血清治疗，在摄入毒素12小时内有一定的中和毒素的作用。同时，应尽快采取措施减少毒素的吸收，排出牛体内的毒素。可进行灌肠、洗胃、服用速效盐类泻药以促进消化道内毒素排出。因肉毒梭菌毒素在碱性环境中容易被破坏，在氧化作用下毒力减弱，则可用5%NaHCO₃或0.1%高锰酸钾洗胃灌肠，也可服用明矾水或福尔马林液，促进毒素排出，消毒收敛肠道；也可用硫酸镁调整胃肠功能；也可静脉注射10%~40%乌洛托品灭菌水溶液进行治疗或者使用20%安钠咖，每次20 mL，皮下或肌肉注射进行强心解毒。对于有继发体温升高的及时注射磺胺类药物防止发生肺炎。此外，有研究报道盐酸胍和单醋酸芽胚碱具有促进神经末梢释放乙酰胆碱和增加肌肉紧张性的作用，具有较好的治疗效果。加强病牛护理，可静脉注射葡萄糖溶液或生理盐水、呼吸兴奋剂（如可拉明等）等。

2.预防

受各种条件的限制，该病的治疗效果较差，加之其发病急、死亡快的特点，往往给畜牧业生产造成较大损失。所以，积极预防该病成为重中之重。

平时定期对牛舍和草场进行清理消毒。每年进行2次肉毒梭菌疫苗接种。喂牛时要精心，不能随意用腐烂变质的草、料、菜等饲料喂牛，因为其中很可能有肉毒梭菌毒素。在饲料中添加钙、磷、和微量元素，满足牦牛营养的需要，防止异食癖的出现。加强动物疾病宣传，提高养殖人员动物疾病防控意识。严格处理病死畜禽的尸体，挖坑深埋或集体焚烧。对已经出现病情的牦牛，要采取隔离措施，及时清理粪便。

参考文献

[1] 吴金措姆.西藏牦牛肉毒梭菌中毒病的防治[J].西藏科技，2015，（10）：49-50.

[2] 沈海霞.牦牛肉毒梭菌中毒症如何诊断与防治[J].兽医导刊，2016，（14）：130-130.

[3] 扎西桑平.牦牛肉毒梭菌中毒症的诊断与综合防治措施[J].山东畜牧兽医，2018，（4）：29-30.

[4] 哈军德.牦牛肉毒梭菌中毒症的诊断和防治[J].今日畜牧兽医，2017，（7）：41.

[5] 童琴英.牛肉毒梭菌中毒症的综合防治[J].畜牧兽医科技信息，2017，（3）：73-73.

第十节　牦牛气肿疽

气肿疽是由气肿疽梭菌引起的一种急性、热性败血性传染病，又称"黑腿病"或者鸟疫。该病可引起败血症和深层肌肉发生炎性和气性肿胀，触压有捻发音，常呈散发性或地方流行性。气肿疽对于是牦牛高致死率疾病中的一种，病牛主要病症为发热，精神沉郁，出现跛行，食欲下降，反刍停止、震颤、肌肉丰满处出现浮肿等。在肿胀的部位，会有少量的红褐色恶臭气体逸出或者出现坏疽，严重影响牦牛的正常生活，若是不及时处理，其病症会不断恶化，最终导致牦牛死亡，对养殖户造成不可估量的损失。

一、病原

1. 形态特征

气肿疽梭菌为两端钝圆的粗大杆菌，长 $2 \sim 8 \mu m$，宽 $0.5 \sim 0.6 \mu m$。具有周围鞭毛，能够运动，没有荚膜，在机体外条件适宜的情况下都可形成芽孢，位于菌体中央或稍偏于一侧，单个存在或者成对排列存在，可以产生不耐热的外毒素。

2. 理化特征

气肿疽梭菌的繁殖体对个别不良环境不具有抵抗力，尤其是对热或者消毒液，在 $52℃$ 30分钟的情况下，就能使繁殖体丧失传染能力，但气肿疽梭菌在病死动物的肌肉或者体内形成芽孢后抵抗力就较强了，气肿疽梭菌的芽孢能在土壤中存活5年以上，能在腐败的尸体内存活3个月左右，而在风干的皮肤和肌肉内能存活18年，在流通蒸气中经3~5小时还有生活能力，液体或组织中的芽孢在100℃沸水中煮20分钟才死亡，可见其芽孢适应腐生生活，对理化环境具有较强的抵抗力，只有用3%的福尔马林液体浸泡15分钟才能将气肿疽梭菌的芽孢杀灭，实验表明生石灰对芽孢也有杀灭作用。

3. 培养特性

患病牦牛及幼龄培养物中的气肿疽梭菌为革兰氏阳性菌，老龄培养菌为革兰氏阴性菌。可见年龄不同所培养的气肿疽梭菌属性不同。气肿疽梭菌在血液琼脂培养基上可以形成上下边缘不整齐、形状扁平、颜色呈现灰白色、纽扣状的圆形菌落，呈β溶血性。

二、流行病学

1. 传染源

患病牦牛是牦牛气肿疽主要传染源，处于发病期的牦牛和一些隐性感染的牦牛均能够向外界环境排出大量的病原体。病畜体内的病原体进入土壤，以芽孢形式长期生存于土壤，动物采食被这种土壤污染的饲料和饮水，经口腔和咽喉创伤的部位侵入组织，也可由松弛或微伤的胃肠黏膜侵入血流而感染全身。

2. 传播途径

该病的感染途径主要是消化道，深部创伤感染也有可能。本病呈地方性流行，有一定季节性，夏季放牧（尤其在炎热干旱时）容易发生，这与蛇、蝇、蚊活动有关。

3. 易感动物

本病常发地区的6月龄至3岁牦牛容易感染，但其他年龄的牛也有发病的，肥壮牛似比瘦牛更易患病。

三、临床症状

该病的潜伏期一般为3～5天，变化范围为1～9天，最短1～2天便可发病，多为急性经过，往往突然发病。发病后的牛精神沉郁，出现跛行，食欲下降，反刍减少或者停止。且体温升高到40～41℃。随后多处肌肉出现气性和炎性肿胀，初期出现热而痛的感觉，再后肿胀处不再疼痛且中央变冷，产生多量气体，并沿肌肉间和皮下散发出。这时，病牦牛的皮肤变干变硬呈现黑色或者暗红色，或者形成坏疽，触诊时有捻发音，是极细微而均匀的破裂音，似用手指在耳朵边捻转一束头发时所发出的声音。若切开患病牛的皮肤，会从切口流出污红色带泡沫的酸臭液体。随着病程的发展，病牦牛食欲废绝，呼吸困难，脉搏时快时若，若有若无，结膜发绀，如果不能得到及时的治疗，病牦牛将在两日内死亡，死亡前体温常下降。年龄较大的牦牛发病时出现中热的情况，肿胀也比较轻，有康复的可能性。

四、病理变化

病牛尸体四肢开张、伸直，迅速腐败和臌胀，天然孔常有带泡沫血样的液体流出；切开肩、股、颈等肿胀部，肌肉黑红而松脆，肌间充满气体，呈疏松多孔之梅绵状，有酸败气味。局部淋巴结充血、出血或血凝不良；肝、肾呈暗黑色，充血稍肿大，还可见到豆粒大至核桃大之坏死灶，切开有大量血液和气泡流出；心脏淤血，剖开心室流出黑红色，含有大量气泡的血液；肺脏表面有大片紫黑色淤血区；剖开食道，食管内充满大量干硬、未消化的饲草；肠管空虚，轻度膨气；其他器官呈败血症变化。

五、诊断

根据牛气肿疽的流行病学、临床症状和病理变化，可以做出初步的诊断，诊断的时候要做好鉴别，比如和恶性水肿病、炭疽病等的差异。恶性水肿的发生主要是与皮肤损伤有关，发生部位在皮下，伴随着不确定性，且发病与种类和年龄层次没有关系。气肿疽主要是肌肉丰富的地方发生水肿，触诊时有捻发音。恶性水肿呈散发性发病，偶尔会有局部性淋巴结肿大或者肿胀，病变的部位没有气体产生。如果要确诊还是需要实验室检验。通常检验方法如下：

1. 常规诊断

根据流行病学，以及典型的临床症状（患病牦牛皮肤变干变硬呈现黑色或者暗红色，或者形成坏疽，触诊时有捻发音）可做出初步诊断。必要时可以分离病原进行实验室确诊。

2. 针头法

经碘酒的消毒后，用12号或16号兽用注射针头1枚，用右手拇指、食指及中指握住针头，左手提取病牛鬐胛后部胸斜方肌中区的皮肤，用手捏住插入的针头和该处皮肤，将针头刺穿皮肤后，轻轻抖动，若插针处皮下空动即可能为该病，否则排除本病考虑其他病。

3. 动物接种

被检病牦牛肌肉呈黑红色且干燥而硬，腹股沟部通常可见少量气泡，有刺激性的络酸样气体溢出。将病料制成 5～10 倍乳剂，以 0.5～1 mL 注入豚鼠股部肌肉，可以发现豚鼠于 24～48 小时后死亡。

4. 微生物学检查

在无菌条件下采集病牛的病变组织或渗出液，通过涂片、直接镜检的方法能看见有较大的梭状芽孢杆菌。在分离、鉴定梭状芽孢杆菌后可以做出诊断。

如果进行初步的排查需要利用针头法。通过近几年的数据统计，利用针头法诊断准确率可达95%以上，是一种值得推广的方法。如果用常规方法诊断，容易与炭疽、恶性水肿病和巴氏杆菌病、瘤胃臌气等相混淆；对于动物接种来说，条件要求过高，尤其是基层不容易做到；微生物学检查法准确率高，但操作需要保持无菌条件，必须专业人士操作。因此，针头法具有实用方便，简单易操作，对本病的诊断有较好的参考价值，且不会伤害病畜，能争取有效治疗时间，提高治愈率。

六、防治措施

1.防控

（1）如果发现发病的牦牛应立刻进行隔离，然后给予及时的治疗。病死的牦牛不能食用，也不能贩卖，应该立即进行焚烧处理或者进行深度埋藏的无害化处理，这样做能够避免病原体传播和扩散。如果有疑似患病的牦牛也应该立即隔离。给受到威胁的牦牛群接种疫苗，无论牛的大小与年龄层次，每头牛注射的剂量都是5 mL，每半年注射一次，在春季和秋季进行免疫效果最佳。疫苗一旦开启需要当天用完，没用完的疫苗应该立即进行无害处理，过期的疫苗不能用。

（2）随时清理牦牛圈，每周进行消毒。如果出现病牦牛，应该立刻对病牦牛圈进行彻底地清扫和清洗，被污染的用具和周围的道路都需要用3%福尔马林或者生石灰进行彻底地消毒，病牛粪便和堆放在周围的饲料应立即进行焚烧或者喷洒酒精，进行无害化处理。

（3）不能从疫区引进牦牛。如果要引进牦牛，应该进行隔离观察，记录其情况，确定无误后才可以引入。同时加强流行病学调查与监测，加强气肿疽在养殖户中的宣传力度，提高养殖户的防范意识。

2.治疗

（1）全身治疗：用青霉素2万～3万IU/kg体重或用硫酸卡那霉素1万IU/kg体重，肌肉注射，2次/天。根据实际情况，用药3～4天。或者用10%磺胺噻唑钠100～200 mL，或10%磺胺二甲基嘧啶钠注射液，2次/天，静脉注射。如果病情严重，还要进行强心、解毒，可用下列药物进行静注：樟酒糖注射液200～300 mL，5%葡萄糖生理盐水2 000～3 000 mL，5%的碳酸氢钠注射液500～800 mL。

（2）局部治疗：将肿胀部切开，去除坏死组织，用2%过氧化氢或高锰酸钾溶液冲洗，而后撒上消炎药粉，必要时，要进行引流。早期病例也可不切开，用1%普鲁卡因注射液50～200 mL，溶解青霉素80万～200万IU，于肿胀周围进行分点注射。

参考文献

[1] 张荣慧，刘学.牛气肿疽的诊治[J].贵州畜牧兽医，2014.1：29-30.

[2] 李桂荣.气肿疽的诊断与治疗[J].中国畜牧兽医文摘，2015，5：164-165.

[3] 刘迎春，王东.牛气肿疽的临床症状与诊治[J].现代畜牧科技，2015.11：90.

[4] 于千桂.气肿疽的预防及治疗[J].中国饲料添加剂，2014.3：24.

第十一节　牦牛副结核病

牦牛副结核病是由副结核分枝杆菌引起的一种慢性传染病，也被称为副结核性肠炎。它的主要病症是顽固性的腹泻与逐渐进性的消瘦，病理表现是慢性增生肠炎。因为牦牛副结核病发病周期较长，我国目前还没有关于牦牛副结核病的系统性的调查数据，并且也极度缺乏关于牦牛副结核病的防控手段，这些都给该病的潜在流行埋下了很大的隐患，也是导致间接传播的主要因素。副结核病与人类的克罗恩病存在较多的相似性，同时因为牦牛为人类提供肉制品以及相关的乳制品，都使得牦牛与人类的关系较之其他动物更为密切，这在一定程度上使感染副结核分枝杆菌的牦牛在排菌期时对人类造成潜在的巨大威胁。

一、病原

1.分类和特性

副结核分枝杆菌是放线菌目分枝杆菌科分枝杆菌属鸟分枝杆菌复合群副结核亚种成员。目前副结核分枝杆菌共有3种类型，根据致病力可将该菌分为Ⅰ型（羊型）、Ⅱ型（牛型）及Ⅲ型（生物中间型），引起牦牛副结核病的主要是Ⅱ型（牛型）副结核分枝杆菌。

2.形态和培养特征

副结核分枝杆菌是长 $0.5 \sim 1.5\ \mu m$，宽 $0.3 \sim 0.5\ \mu m$ 的革兰氏阳性小杆菌，具有抗酸染色的特性。所谓抗酸染色就是由于有大量的类脂存在于副结核分枝杆菌的胞壁中，经过培养的副结核分枝杆菌菌体会形成比较粗糙的菌落，普通的染料不能对其染色，可是在使用抗酸染色方法染色以后，很难在含有3% HCl 的酒精中脱色，这类杆菌被称为抗酸杆菌。与结核分枝杆菌相似。病原体常在粪便中呈现团状或丛状。病原菌不容易培养，初次分离培养比较困难，所需时间也较长；培养基中加入一定量的甘油或非致病性抗酸菌的浸出液，有助于其生长，通常5 ~ 14周内能够观察到副结核分枝杆菌的菌落。

使用Herrold 氏培养基培养，能够生长出半球形的无色透明菌落，表面光滑，直径在1 mm左右。随着培养时间的延长，直径增加到4 ~ 5 mm。这时候的菌落表面不光滑，外观似乳头状。副结核分枝杆菌属于胞内寄生菌，具有很强的环境抵抗力，能长时间地存在于被污染的饲料、土壤以及水源中。然而副结核分枝杆菌的培养极为困难，菌种复苏需要在添加了草分枝杆菌素的副结核培养基上培养30天左右，体外分离培养需要在添加了草分枝杆菌素的副结核培养基上培养90天以上。目前国际上对于副结核的培养一直是个

难题，因此建立副结核分枝杆菌的分离培养方法具有十分重要的
意义。

二、流行病学

常见的副结核分枝杆菌的宿主是家畜和野生动物，其能够引起
多种动物感染，宿主范围极其广泛。副结核病的潜伏期很长，并且
呈现出世界性流行，病畜排出的粪便是副结核分枝杆菌的主要宿
主。目前没有发现针对此病的有效治疗药物和疫苗，并且副结核分
枝杆菌在大自然中很难净化，一旦发生副结核病，必须进行无害化
处理，并对牦牛牛舍及用具进行彻底的消毒。

1.传染源

患病牦牛是牦牛副结核病的主要传染源，处于发病期的牦牛和
一些隐性感染的牦牛均能够向外界环境排出大量的病原菌。

2.传播途径

牦牛副结核病主要传播途径为：副结核分枝杆菌经口摄入，并
伴随食物和唾液进入胃→在瘤胃中通过胎儿腺泡胰腺蛋白和纤维连
接蛋白进入下消化道→到达回肠→副结核分枝杆菌被纤维连接蛋白
受体识别→副结核分枝杆菌穿过上皮细胞进入巨噬细胞→感染的巨
噬细胞形成肉芽肿→感染潜入的副结核分枝杆菌致机体发病→副结
核病活跃期间→副结核分枝杆菌可能传染给未出生的小牦牛→乳腺
和乳汁中毒力增强，引发新生儿感染→通过排泄物污染环境。

副结核分枝杆菌也可以通过体液等方式向体外排菌，并且也有
研究发现病牦牛在打喷嚏、呼吸时呼出的气体所产生的气溶胶也包
含了副结核分枝杆菌，并且可以进行传播。

3.易感动物

牦牛对副结核分枝杆菌的感染能力，主要取决于牦牛的年龄。
牦牛犊在刚出生的几个月内对副结核分枝杆菌的抗感染性是最弱
的，但随着年龄的增长，在出生后的 4 个月至 1 年内，牦牛犊对副

结核分枝杆菌的抗感染性逐渐增加。在小牦牛达到1岁以后，对副结核分枝杆菌的抗感染能力有了明显的提高，只有通过加大感染病原的剂量和增加接触的时间才会出现感染现象。

4.流行特点

牦牛副结核病主要见于幼龄牦牛，患病牦牛是牦牛副结核病的主要传染源，处于发病期的牦牛和一些隐性感染的牦牛均能够向外界环境排出大量的病原菌。健康牦牛采食了污染的牧草，就会被传染该病。

三、临床症状

牦牛副结核病为慢性传染病，牦牛感染后体温的变化不明显，但会出现顽固性的下痢，并且呈现高度消瘦的症状。初期只是表现食欲减退，进食变少，逐渐的消瘦和分泌物变少，到早期病牦牛出现间歇性的腹泻，体重飘忽不定，但是体温还是正常的，排出的粪便大多数为稀水，并有恶臭味，带有少量的气泡，与其他腹泻类疾病在症状上不容易鉴别诊断，发病的初期若及时的对症治疗可以治愈。后期患病的牦牛没有精神，眼窝下陷，皮毛杂乱，不愿意行动，经常卧地不起，出现卡他性肠炎，呈长期循环性的腹泻，逐渐出现衰弱、脱水等症状，高度消瘦，随着病程的进展逐渐变为顽固性的下痢，并且所有症状加强，最后因为全身器官衰弱死亡。

四、病理变化

在感染副结核分枝杆菌的患病牦牛中，若患病比较严重，在其肠黏膜下会充满了大量增生的上皮细胞和巨噬细胞。死亡的病牦牛呈现高度的消瘦，剖检可见空肠、回肠和结肠前段黏膜增厚，特别是回肠，其浆膜和肠系膜都有显著水肿，肠黏膜常增厚3~20倍，呈褶皱状，并且有黄白色病灶。这些增生性的炎症会破坏附近的淋巴管和淋巴结，随着病情的深入，肠绒毛逐渐被损害，肠内的腺体萎缩，导致小肠后段部位失去活性。并且，这种病变会向肠的两端延伸，致使肠丧失蠕动功能，肠对营养物质的吸收减弱。

五、诊断

根据流行病学、临床症状和病理变化，一般可做出初步诊断。但牦牛副结核病的临床症状易与其他疾病混淆，所以还是以实验室诊断为依据，具体方法如下：

1.细菌学诊断

细菌学检测分为细菌镜检和细菌分离培养两种方法，当其中一种为阳性时，即可判断为阳性个体。应用于细菌学检测的样品主要为采集的牦牛粪便和病死牦牛的具有明显病变的肠段和淋巴结。

副结核分枝杆菌细菌分离培养具有很高的特异性，被作为诊断副结核病的参考标准。由于牦牛感染该病后在不同的时期排出的病菌情况不相同，所以此方法针对不同的感染阶段的牦牛的病料敏感性不同，在感染的后期，患病动物排菌量显著增加，使用细菌分离培养能够有效检测出哪个阶段的感染个体。但研究发现，由于牦牛感染的形态不同，其敏感性也不同，故而该方法不能有效地检测出不同感染时期的个体。另外牦牛副结核分枝杆菌分离培养也十分的困难，在添加了草分枝杆菌素的副结核培养基中培养16周才可以看见肉眼可见的菌落。并且检测过程复杂，周期过长，操作繁琐，对检测人员的专业技能也有很高的要求。

2.直肠黏膜粪便检菌法

直肠黏膜粪便检菌法是指在掏干净病畜的直肠后，取少许深部直肠黏膜的粪便进行涂片，以抗酸染色法染色后镜检。粪便检菌法不需要特殊的实验设备仪器，操作程序也很简单方便，采取和送检的病料采集也方便，速度也较快，费用比较低，深受养殖户们的欢迎，是目前适于牦牛副结核病现场应用和推广的诊断方法。

3.皮肤变态反应（SDTH）

皮肤变态反应（SDTH）是基于迟发性变态反应原理进行的检测，方法是将提纯的副结核菌素或禽型结核菌素（PPD）进行皮内注射（一般使用剂量为0.1 mL），72小时后观察注射部位的炎症反应及测量皮厚差，炎症反应明显或皮厚差>2 mm时为阳性。也可用静脉注射法，以体温升1℃作为判定标准。此法敏感性高，副结核菌素检出率可达到94%，禽型结核菌素检出率也为80%左右。该方法对感染初期、隐性病畜或症状不明显的家畜更为敏感，但由于许多牛只在疾病末期表现出免疫耐受或无反应状态，因此不适用于中后期（有明显症状者）个体的检测。此外，其他分枝杆菌尤其是鸟胞内分枝杆菌2型和9型、瘰病分枝杆菌和草分枝杆菌感染的干扰也使得该方法容易造成假阳性结果。

4.酶联免疫吸附试验（ELISA）

目前已有商品化的副结核ELISA诊断试剂盒用于牛副结核病的诊断，针对血清中副结核分枝杆菌特异性抗体的检测是目前最常用的副结核检测方法。1978年Jor gensen首先采用酶联免疫吸附试验（ELISA）诊断牛副结核病，目前商品化ELISA试剂盒主要检测牛血清中以及牛奶中的副结核分枝杆菌抗体。副结核分枝杆菌除了与结核分枝杆菌、牛结核分枝杆菌、禽结核分枝杆菌、草分枝杆菌存在严重交叉反应之外，还与放线菌属、链霉菌属等存在交叉反应，因此在ELISA检测中存在着严重的假阳性现象。为了减少假阳性，研究人员一方面通过亲和层析、凝胶层析等方法提纯包被抗原，另一方面是排除待检血清中非特异性抗体的干扰，目前有学者用热处理的草分枝杆菌素与待检血清反应，以减少其他干扰菌的交叉反应。

5.胶体金检测技术

胶体金是一种快速的栏圈旁检测方法。该方法具有敏感、特异、简易、经济和适用于现场推广应用等优点，在今后的牛副结核病检疫中，有望作为一种新的血清学诊断方法推广应用。

6. 补体结合试验（CFT）

补体结合试验是用于检测动物感染病原菌或免疫后血清抗体的一种经典试验方法，主要检测血清中的 IgG 与 IgM 两型抗体，具有较好的敏感性与特异性，两者均可达 90% 以上。CFT 检验操作复杂，并且需要同时满足检测系统（溶菌系统）与指示系统（溶血系统）均能成立的要求，对于溶血素、补体以及抗原稍有疏忽就会造成较大的误差，同时该方法缺少统一操作标准以及标准阳性血清，且对于不同的病原规程操作方法不一，在生产中较难普及。

7. 琼脂扩散试验（AGID）

对于牦牛副结核病的诊断，琼脂扩散试验是一种经典的免疫学实验方法。很多学者认为琼脂扩散试验。用于牦牛副结核病的诊断易出现假阳性结果。目前该方法进入实用阶段仍需要时日。

8. 分子生物学检测

随着现代分子生物学技术的发展，聚合酶链式反应技术（PCR）也逐步用于动物疫病病原的检测工作中。由于对以原生质体形式存在的无细胞壁的副结核分枝杆菌，用常规方法分离比较困难（时间长，培养步骤繁琐），而使用 PCR 技术检测只需要几个小时，能及早诊断副结核病，因此对于副结核病的控制具有十分重要的应用价值，是目前诊断副结核病最为理想的方法。由于 PCR 方法较其他方法具有更高的检出率，而且快速、准确，克服了其他常规方法耗时费力、敏感性不高等缺点，有望成为检测副结核病的一种实用且可靠的检测手段。

9. IFN-γ 释放试验（IGRA）

IFN-γ 释放试验是使用 γ 干扰素释放试验能够检测到感染副结核牛早期 Th1 型细胞介导的细胞免疫反应，能及时发现处于早期感染阶段的牛。刺激实验使用的副结核菌素能够刺激致敏淋巴细胞快速产生 γ 干扰素，但同样因为菌素成分的复杂性及分子杆菌之间的同源性，容易引起交叉反应导致假阳性。目前国际上尚无统一副结核 γ 干扰素检测标准，且由于根据刺激原类型以及使用量的不同，该方法的敏感性和特异性存在较大差异，据报道根据判断标准的不同，在牛群中进行的副结核γ干扰素释放试验特异性从67%到94%，敏感性则从13%到85%不等。

10.其他检测技术

牛副结核病的检测方法还有单向辐射溶血试验（SRHT）、微量间接溶血试验（IHLT）等。这两种血清学检测方法与ELISA一样，均比琼脂扩散试验和CFT敏感。对几乎所有补体结合试验阳性牛，用SRHT、IHLT和ELISA检测均为阳性，而在CFT阴性牛中，这三种试验比CFT分别多检出40.9%、34.3%、38.9%，且操作简便、快速，适用于大规模的群体检测。

六、防治措施

当今对于牦牛副结核病尚无有效的治疗方法，对牛群进行定期监测、疫苗免疫以及生物安全防控是最有效的防控措施。并且由于尚未有一种疫苗能有效预防牦牛副结核病，所以开发具有良好免疫效果的新型疫苗具有十分重要的意义。

如果发现发病牦牛应立刻进行隔离，然后给予及时的治疗。病死的牦牛不能食用，也不能贩卖，应该立即进行焚烧处理或者进行深度埋藏的无害化处理，这样做能够避免病原体的传播和扩散。如果有疑似患病的牦牛也应该立即隔离。

随时清理牦牛圈，每周都进行消毒，如果出现病牦牛，应该立刻清理病牦牛圈，进行彻底地清扫和清洗，对病死的牦牛要集中进行无害化的处理，并对病死胎儿所处环境进行严格的消毒。

对新引进的牦牛要进行隔离检疫，记录其情况，确定无误后才可以引入。同时加强流行病学的调查与监测，加强副结核病在养殖户中的宣传力度，提高养殖户的防范意识。

参考文献

[1] 杨毅昌，皮振举，岳洪亮，等.牛副结核病诊断与防治[J].中国兽医杂志，2000，26（12）：529-605

[2] 张继才，付美芬，杨国荣，等.牛副结核病的检测结果报告[J].中国畜牧兽医，2009，36（3）：162-165.

[3] 迟志新.牛副结核病的流行与防制[J].养殖技术顾问，2014（2）：148-148.

[4] 孙雨，马世春，时建忠，等.牛副结核病的流行病学特征与实验室诊断技术研究进展[J].中国草食动物科学，2015，35（2）：44-47.

第十二节　牦牛衣原体病

牦牛衣原体病是牦牛被鹦鹉热衣原体感染所致的一种地方性传染病，这种病也被称为牦牛流行性流产、牦牛地方性流产、牦牛新立克次体性流产。牦牛衣原体病一般情况下表现为慢性经过，但只要条件适宜，也会呈现出急性爆发，表现为急性经过。牦牛一旦患上牦牛衣原体病，便会出现肠炎、支气管炎、多发性关节炎-浆膜炎、角膜结膜炎等，单单对于母牦牛来说，会导致繁殖障碍、发生衣原体性流产、乳腺炎和脑脊髓炎等，而对公牦牛来说，会导致精囊炎并且精液品质也会大大降低。

一、病原

鹦鹉热衣原体是一种严格细胞内寄生的革兰氏阴性病原体，形态呈现圆形或椭圆形，个体形态分为两种：大的为始体，直径800～1 200 nm，不具有传染性；小的为原体，直径100～350 nm，具有传染性。始体经吉姆萨染色后呈蓝色，原体呈紫色。

衣原体属于专性细胞内寄生的生物，在鸡胚和易感动物细胞内可以分裂繁殖，继而产生胞浆内包涵体。包涵体经吉姆萨染色后呈现出深紫色。

衣原体在低温环境下的抵抗力比较强，在0℃仍然具有生存能力，可以存活数周，随着温度升高，其抵抗力逐渐下降，比如在4℃的环境下衣原体只能生存5天；在高温条件下的抵抗力较弱，56℃环境下仅需5分钟就立刻失去了活性。如果浸泡在0.1%甲醛和0.5%石碳酸中，衣原体24小时后就会被灭活；在酒精中更不易存活，在75%酒精中只能存活1分钟；在含次氯的消毒剂中可以存活1分钟至30分钟不等；而衣原体的终极克星是紫外线，在紫外线下立刻失活。衣原体对青霉素、四环素族、氯霉素和红霉素极为敏感，但对链霉素、庆大霉素、卡那霉素、磺胺类药物具有抵抗力。

二、流行病学

衣原体是自然界中分布最为广泛的病原体之一。妊娠母牦牛和幼龄牦牛易感。患病牦牛是牦牛衣原体病的主要传染源，处于发病期的牦牛和一些隐性感染的牦牛均能通过粪便、乳汁、鼻分泌液、尿液、泪液或者流产的胎儿、羊水、胎衣向外界环境排出大量的病原体，从而污染环境。该病一般通过消化道及损伤的皮肤或者呼吸道、呼吸道黏膜传播，也可以通过交配或子宫内黏膜破裂感染。长途运输也会导致牦牛衣原体病的发生和流行。牦牛衣原体病虽然存在明显的季节性，但是在冬季和春季更常见，如果遇到寒流、降温、降水等气候骤变的不良情况下，发病率会明显提高。在母牦牛怀孕期间随时都可能会发生流产，在怀孕的中后期流产现象尤为严重。脑炎多呈散发性。被感染的牦牛体内会长期携带衣原体，但在流产之前都不会表现出任何病理现象。

三、临床症状

本病的潜伏期比较长，可以长达数天或者数月。患病牦牛症状主要表现为：

（1）怀孕牛流产型。不论产多少胎次的母牦牛都有发病的可能，但是在第一胎和第二胎中发病率更高，一般在妊娠 7～9 个月流产，其表现为急性突发，部分病牦牛体温升高，比正常体温高 1～2℃。生产时产出死胎或弱牦牛犊，胎衣排出十分缓慢，部分发生子宫内膜炎、阴道炎、乳腺炎和输卵管炎，产奶量很明显地下降，感染牦牛群的流产率为 10%～40%。

（2）公牛精囊炎综合征型：公牛感染后，经常发生精囊炎、附睾炎和睾丸炎，精液的品质大幅度地下降，有的公牦牛睾丸发生萎缩，发病率可达到 10%。

（3）牛犊衣原体性支气管性肺炎型：该病没有明显的季节性。6 个月以前的牦牛犊免疫性能较敏感，比较容易患病，尤其是在停喂母乳，转入育牦牛圈喂养这期间最容易发病。病牦牛犊体温可以高达 40～41℃，临床症状表现出精神沉郁，食欲下降甚至拒绝进食，短时间内会出现腹泻，流鼻涕，呼吸较快，咳嗽等。严重者可以导致死亡。

（4）关节炎型：多见于牦牛犊，潜伏期 4～20 天。患病牦牛初期体温会比正常体温升高 1～3℃，病牦牛表现出厌食，不愿站立和腿部乏力等症状，2～3 天后牦牛局部体温升高，皮肤变得僵硬而又疼痛，不能行走，肘关节处肿大。一般在出现症状后一到两周内死亡。

（5）脑脊髓炎型：多发于 3 岁以下的牦牛犊，潜伏期 4～31 天，死亡率可高达 50%。患病初期牦牛犊的体温会突然升高到 40.5～42℃，牦牛犊表现出精神沉郁、共济失调、流口水、角弓反张等症状，最后死亡。病程 10～20 天。

（6）乳腺炎型：衣原体侵染牦牛乳腺时，牦牛的乳腺会出现明显肿胀、水肿、发热，产奶量下降，产出的奶中出现大量白色纤维素性凝块，液体呈淡黄色。

（7）结膜炎型：潜伏期为10～15天，结膜炎呈现出单侧或者双侧。病牦牛的双眼流泪、羞明，眼睑充血肿胀。经2～3天，病牦牛角膜出现不同程度的混浊或者溃疡。病程为8～10天，感染不严重时可以表现为良性经过。角膜溃疡者，病程可达数天或者数周。结膜明显充血水肿。角膜水肿、糜烂和溃疡。

四、病理变化

（1）怀孕牛流产型：患病流产的母牛往往伴有生殖道黏膜和局部的淋巴结出血，从而导致子宫内膜炎、子宫颈炎和阴道炎等的发生。组织学检查可见流产胎儿体内器官大多有局灶性和弥漫性网状内皮细胞增生。

（2）牛犊衣原体性支气管性肺炎型：患病牦牛犊真胃和小肠黏膜增厚，褶皱增多，呈现卡他性胃肠炎变化。关节处出现浆液纤维素性炎症、腱鞘炎、黏液囊炎。肺部听诊有啰音。

（3）关节炎型：病变出现在牦牛体内数个关节，表现为关节处肿大、水肿、充血。关节囊内堆积大量淡黄色液体，滑膜附有纤维素絮片。严重患病牦牛可出现肌腱和周围肌肉组织水肿、出血等败血症状，关节囊也继而增厚。

（4）脑脊髓炎型：脑和脊髓充血、水肿，脑脊液增多。慢性病例常伴有纤维素性腹膜炎、胸膜炎和心包炎。组织学检查可见，脑和脊髓的神经纤维轻度液化并有淋巴细胞、巨噬细胞和中性粒细胞浸润，淋巴细胞和巨噬细胞在脑血管周围形成血管套并浸润于脑膜。

（5）结膜炎型：通过镜检，在结膜上皮细胞里可发现初体或原生小体。

五、诊断

1.无菌采集新鲜病料

在无菌环境下采集病料，病料主要包括流产母牦牛有病变的胎衣，流产胎儿的肝脾肺及胃液，公牦牛的精液，粪便或者内脏，结膜炎病例眼分泌物的棉拭子，脑炎病例的大脑，关节炎病例的关节液，乳腺炎病例的初乳，并及时送到有条件的实验室进行检查。

2.触片染色

用各种病料（病料如上）做触片（涂片），涂片自然干燥后，用甲醇固定5分钟，用姬姆萨染色30～60分钟，用pH值7.2的PBS液或蒸馏水冲洗，晾干镜检。在油镜下可见衣原体原生小体（EB）被染成紫红色，网状体（B）被染成蓝紫色。

3.病原分离

将镜检发现的疑似衣原体颗粒的无杂菌污染的病料用灭菌生理盐水或PBS液1∶4稀释，3 000转/分离心20分钟，在4℃冰箱过夜后取上清液接种7日龄发育良好的鸡胚，每胚0.4 mL卵黄囊内接种，蜡封蛋壳针孔，置于37～38.5℃温箱孵育。收集接种后3～10日内死亡鸡胚卵黄膜继续传代，直至接种鸡胚规律性死亡（即接种后4～7日内死亡），感染滴度$10^8 ELD_{50}$/0.4 mL以上。初次接种分离时，有的不致死鸡胚应再盲传3～4代，接种鸡胚仍不死亡且镜检未发现疑似的衣原体颗粒者，可判为衣原体感染阴性。对已污染的病料研磨粉碎后，用含链霉素（1 mg/mL）和卡那霉素（1 mg/mL）的PBS液1∶5倍稀释，3 000转/分离心20分钟，取其上清液以4 000～6 000转/分再差速离心，连续3次，取末次离心上清液4℃冰箱过夜后接种7日龄鸡胚以分离培养衣原体。要注意供分离培养衣原体的鸡蛋应来自无衣原体感染且喂不加四环素族抗生素饲料的健康鸡群。

4.PCR检测衣原体DNA

PCR诊断方法快速、可靠，可检出60～600 fg衣原体DNA（为6～60个基因组拷贝），比用细胞或鸡胚培养进行病原诊断灵敏度更高。其缺点是需要昂贵的仪器设备，诊断成本高。

5.鉴别诊断

对牦牛衣原体性流产的诊断要注意与布鲁氏菌病、弯杆菌病、沙门氏菌病、弓形虫病等可引起怀孕母牛流产的疾病相鉴别。衣原体引起的牦牛犊肠炎要与大肠杆菌病、黏膜病、魏氏梭菌病等腹泻病相鉴别。衣原体引起的多关节炎要与链球菌病等相鉴别。

6.血清学检查

检测衣原体抗体的血清方法主要包括补体结合试验（CF）、间接血凝（IHA）试验、免疫荧光（IF）试验、琼脂扩散（AGID）试验、酶联免疫吸附试验（ELISA）等。国际口岸检疫动物衣原体血清抗体的经典方法为CF。

六、防治措施

1.建立无害化的牦牛养殖圈

如果发现发病的牦牛应立刻进行隔离，然后给予及时的治疗。病死牦牛不能食用，也不能贩卖，应立即进行焚烧处理或者深度埋藏的无害化处理，这样做能够避免病原体传播和扩散。如果有疑似患病的牦牛也应立即隔离。

2.建立严格的卫生消毒制度

（1）随时清理牦牛圈，每周都进行消毒。如果出现病牦牛，应立刻清理病牦牛圈，进行彻底地清扫和清洗。

（2）对流产而死的胎儿要集中进行无害化处理，并对病死胎儿所处环境进行严格消毒。

3.严格执行牛群衣原体病免疫计划

给受到威胁的牦牛群接种疫苗，无论牛的大小与年龄层次，公牛第一次肌肉注射3 mL，7天后再注射1次；怀孕母牛每间隔7天注射1次，共2次，每次肌肉注射3 mL；空怀母牛配种前30天和15天各免疫接种1次，每次肌肉注射3 mL；仔牛于90日龄和105日龄各免疫接种1次，每次肌肉注射2 mL。每半年注射一次，春季和秋季免疫注射效果最佳。疫苗一旦开启需要当天用完，没用完的疫苗应该立即进行无害处理，过期的疫苗不能用。

4.药物治疗

（1）静注阿奇霉素1～5 g+25%葡萄糖液500 mL+复合维生素B 10～30 mL，肌注螺旋霉素10～30 mL，连续治疗5～7天。

（2）对出现临床症状的新生仔牛，可静注四环素1 g+25%葡萄糖液500 mL+复合维生素B 10～30 mL，连续治疗5～7天。

（3）肌注多西环素霉素10～30 mL+复合维生素B 10～30 mL+泰乐菌素10～30 mL，连续治疗5～7天。

（4）静注阿奇霉素1～5 g+25%葡萄糖液500 mL+复合维生素B 10～30 mL，肌注泰乐菌素10～30 mL连续治疗5～7天。

（5）肌注红霉素10～30 mL+复合维生素B 10～30 mL+泰乐菌素10～30 mL，连续治疗5～7天。

（6）对怀孕母牛在产前2～3周，可注射四环素族抗生素，以预防新生牛犊感染本病。在流行期，可将四环素或土霉素添加于饲料中（300 g/t），同时饲喂平胃散，让牛采食，进行群体预防。为了防止出现抗药性，要合理交替用药。

5.病原监测

对新引进的牦牛要进行隔离检疫，记录其情况，确定无误后才可以混群饲养。同时加强流行病学的调查与监测，加强衣原体病在养殖户中的宣传力度，提高养殖户的防范意识。

参考文献

[1] 张作秀.格尔木地区牦牛衣原体病的血清学调查[J].青海畜牧兽医杂，2012，42（1）：17.

[2] 谢仲秀.果洛地区牦牛衣原体病疫情动态调查[J].青海畜牧兽医杂志，2013，43（1）：33.

[3] 李万财.藏羊的弓形虫、衣原体和布鲁菌病的血清抗体检测[J].中国兽医杂志，2012，02：58-59.

[4] 张晓强，李万财.青海天峻土种藏系羊衣原体病的血清学调查[J].中国兽医杂志，2011，10：45.

第四章　牦牛常见寄生虫病的诊断与防控

第一节　牦牛肝片吸虫病

牦牛肝片吸虫病是由肝片形吸虫寄生于牦牛体内而引起的人畜共患吸虫病。牦牛患该病主要通过水源、食源摄入病原，主要症状表现为食欲不振、消瘦、发热（一般为不规则发热，体温38～40℃）、便秘、腹泻等，严重会致死。由于牦牛肝片吸虫病会造成重大经济损失以及严重危害人畜健康，近些年来得到越来越高的重视。

一、病原

片形吸虫包括大片形吸虫和肝片形吸虫，前者常见于热带和亚热带地区，后者常见于温带地区。从胆管取出的肝片形吸虫活虫为棕红色，固定后呈现灰白色，头部为三角锥状，尾部比头部窄，长20～35 mm，宽5～13 mm。虫卵为卵圆形，黄褐色，长107～158 mm，宽70～100 mm。片形吸虫的生活史分为虫卵、毛蚴、胞蚴、雷蚴、尾蚴、囊蚴、童虫、幼虫及成虫9个阶段，从感染囊蚴到能从粪便中检测出虫卵最少需要10～11周，而成虫在人体中的存活时间长达12年。中间宿主主要为椎实螺，很多哺乳动物都为终末宿主，其中牛、羊较为常见。

肝片形吸虫成虫寄生在牦牛肝脏胆管中，排出的虫卵随胆汁进入肠腔，随粪便排出体外，在适宜条件下孵出毛蚴并游动于水中，钻入中间宿主椎实螺体内，发育为尾蚴，尾蚴离开螺体附着于水草并脱尾变成囊蚴，牦牛在吃草或饮水时吞入囊蚴而遭感染。囊蚴在消化道内胞囊被溶解，逸出幼虫穿过肠壁到腹腔，而后到达肝胆管发育为成虫。之后又开始新一轮的发育。

二、流行性病学

肝片形吸虫在我国普遍分布，在华南、华东地区较为严重，人患肝片形吸虫病一般与该地区居民的生活、饮食习惯有关，与家畜感染也有一定关系。此病在低洼潮湿地区多发，呈地方性流行，在多雨年份尤其是干旱很久后迎来大雨更容易滋生。在夏季隐性感染，冬季开始流行，营养缺乏的牛只在感染该病后更容易出现临床症状。放牧多出现在低洼潮湿地区，这是牧区牦牛死亡的重要原因。

三、临床症状

牦牛肝片吸虫病由于个体间的差异（年龄、感染强度、抵抗力等）分为急性发病和慢性发病。急性发病是由于牦牛在短时间内误食大量囊蚴，幼虫在体内快速游动，游经器官出现损伤甚至出血，对肝脏的损伤最为明显。临床症状一般为牦牛精神萎靡，食欲不振甚至废绝，可视黏膜苍白，体温升高，偶伴腹泻，肝区半浊音扩大，压痛非常敏感。出现症状后基本3~5天死亡。多发于夏末、秋季。慢性发病是牦牛由于急性耐受或误食少量囊蚴，幼虫长期寄生于体内造成牦牛身体不适，表现为食欲逐渐不好，毛发粗糙无光泽甚至脱落，眼睑及颌下发生水肿。成年牦牛一般无明显现象，牛犊表现明显，怀孕母牛会出现流产、早产等现象，也会造成母牛泌乳量下降。慢性发病时间长达1~2个月，最后牦牛衰竭死亡。多发于春冬两季。

四、病理变化

不同的器官病变程度也不尽相同，其中最明显的为肝脏，其次是肺脏，会引发慢性胆囊炎、慢性肝炎、贫血等。急性发病和慢性发病的病变有一定区别。急性发病，直观可见肝脏充血、肿大，手感为质地硬；胆囊肿胀，里面充满灰褐色胆汁，伴有柳叶状虫体，胆管壁增厚扩大，挤压流出黏稠状液体且伴有少量血液和幼虫。慢性发病，可见肝脏变硬、褪色呈灰白色、有萎缩；胆管肥厚，内膜粗糙，形成磷酸盐沉淀，且其中充满虫体和棕褐色液体。

五、诊断

1.常规检测法

根据临床症状以及发病情况，结合当地流行病学的相关资料，可以对该病进行初步诊断。采取牦牛新鲜粪便直接涂布或者聚集虫卵进行涂布镜检。粪检法临床较为多用，其低成本、简单操作、对设备要求不高。牦牛死亡后，由于肝脏、胆管等部位会有大量虫体、幼虫、虫卵等，直接查找即可做出诊断。

2.免疫学诊断法

免疫学诊断的方法有很多，例如变态反应、间接血凝试验（IHA）、血清凝集反应（HA）、琼脂扩散反应（AGP）、对流免疫电泳试验（CIEP）、酶联免疫吸附试验（ELISA）、斑点酶联免疫吸附试验（Dot-ELISA）、斑点免疫金渗滤试验（DIGFA）、碘溶液检查法、清酶分析法等。我们具体例举几个常用且准确率较高的方法。

（1）间接血凝试验（IHA）：该方法是在V型孔微量血凝板以新鲜虫体来制备抗原，载体选用被醛化的红细胞，来进行间接血凝试验。相关文献表明，IHA具有特异性强、操作简单、灵敏度高等优点，适用于规模大的血清流行病的调查。

（2）琼脂扩散反应（AGP）：试验用虫体抗原配方，将新鲜肝片形吸虫制备成虫体抗原，再加入抗原量1/2的生理盐水。该方法灵敏度高、特异性强、方法简便、反应迅速，一次能检测多个样品，被肝片形吸虫感染3周便能诊断出结果，是诊断早期肝片吸虫病的较为理想的方法之一。

（3）酶联免疫吸附试验（ELISA）：ELISA采用新鲜吸虫作为抗原效果最佳。该方法灵敏度高、特异性强、操作简便，对肝片吸虫病的早期诊断以及普查都是很好的诊断方法。

六、防治措施

针对肝片吸虫病的发病规律以及肝片形吸虫的生长条件、过程等，经过实际和理论相结合得出以下几种防治措施，以供参考。

1.预防

（1）对牦牛粪便以及患病牦牛的无害化处理：通常对粪便进行发酵，杀死残留其中的虫卵、成虫、幼虫等，防止健康牦牛、其他哺乳动物以及人类被感染。对病死牦牛的尸体、器官应进行无害化处理（集中深埋、焚烧等），不能随意丢弃或喂狗等，以杜绝肝片形吸虫的直接传播。

（2）杀灭中间宿主：对于放牧地区的池塘、小水沟等，应定期使用清理椎实螺的药物，5 000 mL/m² 的5%硫酸铜溶液或20～25 g/m² 的氯化钾，每年定期喷洒一次。同时也要结合当地实际土地情况，总结使用规律。

（3）严格放牧与饲养管理：肝片形吸虫病有很明显的季节性，适宜生存繁殖在低洼潮湿地区，根据这些特点，在夏季某一时间段放牧时间不超过2个月，进行轮牧，并减少去低洼潮湿地区放牧次数，尤其禁止牦牛引用死水，避免误食囊蚴，诱发感染。对于牦牛的饲料和圈舍要做好清洁工作，坚持每天清除粪便、垃圾，定期消毒，确保牦牛生存环境通风干燥、干净卫生、密度合适。

（4）预防性驱虫：每年安排2～3次驱虫。首次驱虫，安排在成虫期前3～4周，用药1次；二次驱虫，成虫大部分成熟时，安排驱虫1次；第三次驱虫，二次驱虫后的2～3个月，防控效果好。常用驱虫药物有硝氯酚，5～8 mg/kg体重，1次口服；丙硫咪唑10 mg/kg，1次口服；溴酚磷（蛭得净）12 mg/kg体重，1次口服。为避免牛体对驱虫药产生抗性，达到更好的驱虫效果，各种驱虫药最好替换使用。

总之，对牦牛群预防的重点是要重视其生存环境的清洁卫生，有目的的改善牛群生存环境，避免牛群的感染及交叉感染，保持牛群的健康，避免造成放牧者的经济损失。

2.治疗

在对牦牛群进行预防的同时，也要准备治疗的应急方案，针对不同的病情，采用最高效的治疗方案。

（1）轻微症状：硫双二氯酚，使用方法是口服，剂量为100 mg/kg体重，同时配合使用左旋咪唑，口服，剂量为10 mg/kg体重，投服喂药时，将药物包在牦牛爱吃的菜叶或草料中吞服，用药1～4天内，伴有不规律的拉稀，随后会自行康复。溴酚磷，用量12 mg/kg体重，一次性口服，对于成虫或幼虫，均有很好的驱虫效果。采用四氯化碳和液状石蜡进行深部肌肉注射，规格为6 mL/支，四氯化碳和液状石蜡各占50%，1～3 mL/次。

（2）严重症状：在发病流行后期，病牛的症状较为严重，可在西药治疗的基础上辅以中药疗法。处方为：升麻、党参、白术、陈皮、柴胡，各取12 g/次；炙甘草、大枣，各取16 g/次；白术、炙黄芪、党参、陈皮，各取20 g/次。煎服上述药剂，2次/天，连续2天，具有不错的治疗效果。在上述中药的基础上，配合西药疗法。10%

葡萄糖，500~1 500 mL/次；10%维生素 C，20~50 mL/次；青霉素，480万~640万单位/次，1次静脉注射，1次/天，连续用3~4天。配用阿苯达唑，口服，15 mg/kg，适用于治疗第三天，1次灌服。

参考文献

[1] 张雪娟，黄熙照，杨继宗，等.肝片吸虫诊断抗原提纯方法的研究[J].中国兽医科技，1992，22（06）：8-9.

[2] 倪兆朝，周仁贵，柏庆荣，等.间接血凝试验（IHA）检测肝片形吸虫病的研究[J].安徽科技学院学报，2006，20（03）：5-7.

[3] 王佩雅，靳家声，才学鹏，等.酶联免疫吸附试验诊断羊肝片吸虫病的区域试验[J].中国兽医科技，1987，（07）：10-12.

[4] 刘天，李新，宫鹏涛，等.肝片吸虫cDNA文库构建及诊断候选抗原基因筛选[J].中国病原生物学杂志，2019，14（01）：27-31.

[5] 红伟.牦牛肝片吸虫病及其综合防治[J].中国畜牧兽医文摘，2018，34（06）：209.

第二节　牦牛囊虫病（囊尾蚴病）

牦牛囊虫病（又称为囊尾蚴病）是由无钩绦虫的幼虫寄生引起的一种人畜共患寄生虫病，中间宿主为黄牛、牦牛、水牛等，人为终末宿主。囊虫多寄生于牛的深层肌肉，比如臀肌、咬肌、肩胛肌、心肌、舌肌等位置，形态与猪囊虫相似，但镜检时可见到头节处只有4个吸盘，而没有顶突和小钩。

一、病原

牛囊虫的成虫为牛带绦虫（又称为无钩绦虫），虫体长且肥厚，呈扁平带状，长达3~10 m，由1 000~2 000节片组成。孕节子宫侧枝数为15~30对，随着虫体生长，孕节会自动排出体外，孕节及孕节破裂后的虫卵会污染土地、饮水以及饲料等，从而进一步寄生于牛体或人体。幼虫即牛囊虫，呈半透明乳白色、卵圆形，内部充满液体，有一乳白色小结即为头节，大小为（7～10）mm×（4～6）mm。幼虫在牛体能存活7～9个月，也有学者认为可长期存活直到牛死亡，寄生于人体后，3个月左右发育为成虫。

二、流行病学

牛带绦虫广泛分布于亚洲、非洲地区，呈现世界性分布。在我国广西、四川、内蒙古、西藏等地区有食用未熟牛肉的习惯，呈现地方性流行，感染率较高，其余地区呈发散性。在流行地区，牦牛感染牛囊虫病，是由于人类、牛、狗、猫等的粪便随意排放污染饮水、饲料等。携带该虫卵的个体，排放的粪便中必定含有孕节和虫卵，虫卵对外界的抗性较强，可存活2个月左右，被牦牛吞食后即被感染。

三、临床症状

牦牛在感染囊尾蚴后，初期幼虫在体内移动，症状明显，体温升高到40℃左右，虚弱，腹泻，反刍减弱甚至消失，长时间躺卧，严重时死亡。当囊尾蚴定居在体内肌肉不再移动后10天左右，牛体开始耐受，这些症状逐渐消失，几乎不再表现临床症状。宰杀检疫，可发现牦牛深层肌肉已被囊尾蚴寄生。

四、病理变化

宰杀后在牛胴体的深层肌肉如舌肌、咬肌、肩胛肌、颈侧肌、心肌、臀肌等处有密度不一的卵圆形内充满半透明液体的囊泡，并含有一个乳白色头节，多寄生于心肌和颈侧肌，在舌肌和咬肌等其他部位也少量含有。

五、诊断

牦牛囊尾蚴病在生前诊断比较困难，在实践中主要的依据是屠宰以后检测出虫体，从而确认。也有一些实验方法用来检测牦牛囊尾蚴病。对流免疫电泳法，采用患病牛排出的新鲜无钩绦虫的未孕节片制备成水溶性抗原，此方法简便，灵敏度高，但是特异性不强，对于牛囊尾蚴病血清检测有一定的价值。也可采用乳胶凝集反应鉴定是否染病，所用抗原为新鲜冰冻的囊虫匀浆浸液，检测阳性率高达92.2%，但由于有些牛犊的血液中可能存在抗体，所以该反应的特异性有待提高。

六、防治措施

牦牛囊虫病的重点在于预防，必须贯彻落实预防为主的方针政策。

1.在流行地区广泛开展该病的普查工作

对查出的病牛进行驱虫，并对其粪便和虫体进行无害化处理，防止进一步污染，从而消除该寄生虫。

2.定期对牛群进行驱虫

微粒型吡喹酮按照50 mg/kg体重，计算，口服两天，抗1、2、3月份囊尾蚴具有100%的效果。

3.加强对牛肉的检疫工作

严格执行"定点屠宰，到点检疫，统一纳税，分散经营"的方针，严禁销售带有囊尾蚴的病牛，一经发现，必须严肃处理，对于感染的胴体、内脏等及时做好无害化处理以及个人防护工作。

4.改变食用生牛肉的习惯

加强对流行地区人民观念的输入，提高认识，严格把住"病从口入"关。

5.养成良好的卫生习惯

讲卫生，饭前便后要洗手，不随地大小便，防止牦牛误食带有虫卵的粪便。

参考文献

[1] 李国瑜.一例牛囊尾蚴病的检疫与调查分析[J].中国动物保健，2019，21（02）：67-68.

[2] 方文，包怀恩，黄江，等.四川雅江县和甘肃岷县绦/囊虫病流行现状调查[J].中国病原生物学杂志，2009，4（02）：121-123.

[3] 张永红.对流免疫电泳快速诊断牛囊尾蚴病[J].国外医学（寄生虫病册），1981，（02）：87.

[4] 艾尔肯·加克皮亚业，韩宝颖.牛带绦虫病和牛囊尾蚴病的防治[J].畜牧兽医科技信息，2018，（08）：58.

第三节　牦牛棘球蚴病（包虫病）

牦牛棘球蚴病俗称包虫病，是一种由细粒棘球绦虫的幼虫引起的人畜共患疾病。中间宿主牛、羊感染后多表现食欲下降、毛发粗糙、产奶量下降等，症状不是很明显，终末宿主犬无明显症状，人感染后在寄生部位产生囊肿，可引起严重疾病，甚至死亡。牦牛患病后，不仅造成养殖业的经济损失，还会严重威胁养殖人的身体健康，因此了解和预防此病是十分有必要的。

一、病原

棘球绦虫隶属于扁形动物门绦虫纲圆叶目带科棘球属。细粒棘球绦虫在牦牛体内处于包囊中，有的呈黄豆大小，有的直径高达20 cm，包囊内包裹半透明的液体，具有很强的抗原性。细粒棘球绦虫的成虫由头节、体节、孕节组成，一般有3～4节。头节有吸盘和带有小钩的顶突，孕节位于最末端，其中包含400～800个椭圆形虫卵，虫卵具有很强的抗性，对湿度、温度、化学消毒剂敏感度低，能在外界环境较长时间生存。由此可知包虫病易感染、难治疗的特点是由本身的生理结构特点所决定的。

二、流行性病学

我国包虫病流行地区集中在气候寒冷、干旱少雨的高山草甸地区的牧区以及半农牧地区，即我国的四川、青海、宁夏、西藏、新疆、内蒙古等地区。细粒棘球绦虫宿主很多，高达50多种，人、牛和羊等都为中间宿主，其中感染率最高的为牦牛和绵羊，犬类动物为终末宿主，比如狗、狼等。据统计可知，在该病的流行地区绵羊的感染率为55.3%左右，狗的感染率为39.9%左右，野生狐狸感染率为24.8%左右。在中间宿主体内，感染率与宿主的年龄、性别、地区、生活环境等均有关系。其中宿主年龄越大，包虫病的感染率就越高，呈正相关，随着宿主年龄的增大体内囊的体积也随之变大。

在牧区，犬与人类、牛、羊等接触较为紧密，家畜会接触和食用到犬类的粪便以及被粪便污染的水源、饲料等，人与犬只会有直接或间接地接触，虫卵会通过消化道进入人体，所以犬类很容易成为人、家畜患病的主要来源。在屠宰场，如果患病家畜的内脏处理不当，随意丢弃或者喂食犬类，毛皮未经无害化处理随意贩卖，都会造成细粒棘球蚴病在牛羊等家畜、犬类、人之间循环传染。

三、临床症状

牦牛包虫病早期，细粒棘球蚴数量少或者形成囊体小，导致初期临床症状不明显，多表现为精神状态差、食欲不振等，甚至很多牦牛并没有不良症状。随着时间的推移，细粒棘球蚴在体内逐渐增多，囊体体积增大，对牦牛的脑部、肝脏等部位的损伤严重，会使牦牛眼神呆滞、磨牙、步态不稳、来回转圈、呼吸急促、体温升高到40℃左右、高兴奋性、对外界刺激敏感、体重急剧下降，严重者直接死亡。而终末宿主犬类几乎不会有很明显的临床症状，会出现腹泻、消瘦等症状。

四、病理变化

经解剖，病死牛有十分明显的脑炎症状，能够观察到细粒棘球蚴在脑膜中移动的弯曲游动伤痕；脊髓部位有大小不一的囊包，可观察到囊包内被透明液体包裹着的大量白色头节；颅骨连接处，骨质变薄且疏松，甚至出现创口，导致了局部皮肤的凸起。检查脑脊髓液、血液，发现嗜酸粒细胞明显增多。进行X光检查，明显观察到骨骼、肝脏、肺脏出现钙化现象。

五、诊断

对于牦牛包虫病的诊断，可根据牦牛实际情况，对比临床症状，进行初步诊断；具体病情通过实验室镜检包囊，观察是否存在细粒棘球绦虫成虫或其幼虫，进行确诊即病原学检测。但细粒棘球蚴病早期潜伏在牦牛体内，由于囊泡的体积小或者还没有开始生长，症状不明显甚至没有症状，给诊断带来很大的难度。

在牦牛感染初期，体内的病理变化不明显，但机体对于病原的免疫应答反应显著，免疫学方法具有时间短、准确性高、成本低、对实验环境以及实验设备的要求低等优点，也被用于患病牦牛的诊断。比如酶联免疫吸附法（ELISA）、间接血凝试验（IHA）、皮内变态反应（IDT）等。

1.酶联免疫吸附法（ELISA）

在牦牛包虫病的检测中，常用的为间接ELISA法，此方法具有较高的敏感性。据报道，通过对细粒棘球蚴EG95蛋白的氨基酸序列分析筛选出的优势表达区EG95s进行克隆、表达、纯化而得到重组融合蛋白，以这种蛋白为包被抗原，进行羊细粒棘球蚴病抗体的间接ELISA，该方法完全符合新西兰Wallaceville动物研究中心提供的间接ELISA方法，且与其他蛋白无交叉反应，批间、批内变异系数分别为5.7%～8.5%、3.8%～5.6%，这些表明用此方法在特异性、敏感性、重复性方面都占有优势。

2.间接血凝试验（IHA）

IHA目前多用于现场检测、流行病调查等，重复性好，利用这种方法检测包囊液中的IgM，灵敏度、特异性可达到89%、97%，交叉反应也较少。但存在抗体亚型多，诊断时会出现非特异性凝集的缺点，易造成误诊。同时也由于不同实验的操作和判定标准因具体实际情况确定，在结果上也会不尽相同。

3.皮内变态反应（IDT）

IDT是最早的诊断包虫病的方法，取0.2 mL的可用棘球蚴囊液注射于牛的颈部皮，5～10分钟注射部位出现0.5～2 cm的红斑并且出现肿胀，可初步确诊为包虫病，阳性检出率高达90%以上。其具有较高的操作性和灵敏度，而且短时间即可观察到结果，多应用于现场检测，但特异性低，交叉反应明显，在流行地区多用于初筛。随后还需要采用间接红细胞凝集试验或者酶联免疫吸附试验来进行确诊。

六、防治措施

（1）治疗措施：患有包虫病的牦牛，应及时查明病情程度，及早隔离以及对症下药。症状轻微时，可用阿苯达唑15 mg/kg体重或吡喹酮50 mg/kg体重，混于饲料或饮水中，1次/2周，连续两个月，期间根据病情及牛的体重适量增减。也可采用硝氯酚口服和注射相结合的方式，3~4 mg/kg体重的口服剂量，配合0.5~1 mg/kg体重的深度肌肉注射，口服过程拌入饲料或饮水，可达到较好的治疗效果。药物治疗应搭配使用甘露醇和安钠咖等强心剂、颅内降压药物，避免包囊破裂对周围神经造成影响。

（2）预防措施：综合性防控是防治牦牛包虫病的关键。首先，大力宣传牦牛包虫病防控的基本知识，深入群众，使每一位放牧者意识到牦牛包虫病的危害；其次，定期对犬类进行驱虫，可采用吡喹酮0.5 mg/kg体重和丙硫咪唑8~10 mg/kg体重，驱虫后要将粪便进行无害化处理，通常采用深埋或者焚烧等方式；再次，对牦牛进行定期检疫，发现包虫病时应对患病牛只进行隔离治疗，发生死亡时，应对患病牛只进行无害化处理，不能给人食用或者喂食犬类，更不可随意丢弃，防止更大规模的传播或者人类患病；最后，要保持饲养环境的安全清洁，饲料、水源等要避免被犬类粪便污染。

参考文献

[1] 朵红.棘球蚴病免疫学研究进展[J].中国畜牧兽医，2011，38（05）：244-247.

[2] 贾红，刘丹，侯绍华，等.羊细粒棘球蚴病抗体间接ELISA检测方法的建立[J].畜牧兽医学报，2011，42（01）：65-70.

[3] 刘俊阳.四川石渠县牦牛血清细粒棘球蚴抗体检测[D].成都：四川农业大学，2018.

[4] 才山.牦牛包虫病诊断与防治措施[J].畜牧兽医科学（电子版），2019，（14）：113-114.

第四节　牦牛弓形虫病

弓形虫病又名弓形体病，是由刚地弓形虫引起的一种人畜共患病，会感染多种动物，比如牦牛、猪、羊、猫等，感染率高达

10%～50%。在免疫力低下或有缺陷的宿主体内，弓形虫病会引起宿主流产、死胎、不孕等，但在在免疫功能正常的宿主体内多呈现隐性带虫状态。该病在给畜牧业带来严重经济损失的同时，也潜在威胁人类的生命健康。

一、病原

弓形虫病病原刚地弓形虫，属于真球虫目、艾美亚目、弓形虫属，为有核细胞内机会性致病原虫。弓形虫整个发育周期有5种不同的形态：滋养体、包囊、裂殖体、配子体和卵囊。其中滋养体和包囊为有性生殖，存在于中间宿主体内，例如人、鱼类、鸟类和哺乳动物等均可寄生；裂殖体、配子体和卵囊为无性生殖，只存在于终末宿主体内，猫科动物既为中间宿主又为终末宿主。

二、流行性病学

牦牛弓形虫病呈世界性流行，在我国多省广泛分布，经血清学调查我国有16种动物均有不同程度感染，其中猫、猪感染率最高，牦牛感染多为隐性。传染源多为临床型或隐性感染的牦牛、老鼠、猫等动物甚至是人，在这些中间宿主体内均能产生卵囊，而卵囊在体外环境存活时间久并且不易被消灭，是非常值得注意的传染来源。

传染途径又分为先天感染和后天感染。先天感染即牦牛在产道、子宫、胎盘中即被感染。后天感染是由于牦牛食入被卵囊或者包囊污染的饮用水、饲料、肉类等，还有通过呼吸道、交配、伤口接触、输血等方式感染。

牦牛感染弓形虫有非常明显的季节性，夏季、秋季是发病的高峰期，主要是由于弓形虫卵囊的生长发育与温度、湿度有关。

三、临床症状

牦牛感染弓形虫病多呈隐性经过，无症状。显性感染弓形虫的临床症状常见的有：食欲降低甚至废绝、呼吸困难、发热至 40～41.5℃、咳嗽伴随气喘、呼吸次数增多、鼻腔分泌物增加、有痉挛性抽搐等共济失调和神经症状。急性症状常突然发病，最快 36 小时死亡；病情轻微、好转康复后的母牛多会流产、死胎等；长时间患病牛只嗜睡或出现耳尖坏死、脱落，最后死亡。

四、病理变化

解剖病死牛只可发现，肝脏质地变硬、浑浊肿胀、呈土黄色；肺部水肿、胀大、间质变宽，切开后有含有泡沫的液体大量流出；消化系统黏膜、鼻黏膜、气管等出血；血管扩张皮、下水肿；母牛阴道黏膜呈条状出血。

五、诊断

牦牛弓形虫病伴随多种脏器的病变，临床症状复杂多变，在确诊时需要综合分析，例如仔细的体格检查、详细的病史，必要时进行实验室诊断，只有这样才能得出更准确的结果。在牦牛弓形虫病的检测中常用的方法有病原学检测、分子生物学检测以及血清学检测。病原学检测有接种分离法、涂片镜检法；分子生物学方法有脱氧核糖核酸（DNA）探针技术、聚合酶链式反应（PCR）以及环介导等温扩增技术（LAMP）等；血清学检测有间接血凝试验（IHA）、直接凝集试验（DAT）、间接荧光抗体试验（IFA）以及酶联免疫吸附试验（ELISA）等。考虑到时间消耗、技术要求、资金成本等，我国在牦牛弓形虫病的检测中最常用的为 IHA，其具有高灵敏度、操作性强、特异性好等特点，非常适用于大规模血清学调查。

六、防治措施

1.治疗

当疫病开始流行时，隔离病牛十分关键，之后要对整个牛群做血清学调查，以了解牛群的整体情况，防止大规模传染。临床上应用最多的为磺胺制剂，其对牦牛弓形虫病有很好的治疗效果。

磺胺间甲氧嘧啶（SMM）、磺胺嘧啶（SD），静脉注射，剂量为每次 30～50 mg/kg 体重，配合磺胺增效剂（TMP）、甲氧苄氨嘧啶，静脉注射，剂量为每次 10～15 mg/kg 体重，效果更好。氯苯胍，口服，剂量为每次 10～15 mg/kg 体重，每日两次，连续服用 4～6 天。

2.预防

牦牛弓形虫病多呈隐性经过，因此预防是重中之重。首先，要加强对牧民的宣传牦牛主要寄生虫病尤其是人畜共患寄生虫病的危害以及防治措施，调动牧民对减少、消灭寄生虫的积极性、主动性；其次，对牦牛和环境进行定期驱虫，病畜和带虫者是重要的传染源，他们不断向外界散播病原体，因此定期对牦牛进行药物驱虫是目前预防寄生虫病的重要措施。大面积、高密度驱虫是防止无病害症状表现的带虫动物向外界散布病原的有效办法。长期使用药物驱虫很难避免产生抗药性、药物残留等问题，因此要注意使用高效、低毒的药品，并制订好轮换用药计划。牦牛是放牧养殖，活动范围广阔，客观上给寄生虫病的防制带来了一定困难。在围栏周围施放药物，及时清扫围栏内的粪便并进行发酵等处理，可降低环境内虫卵感染牦牛的概率。再次，加强饲养管理、搞好圈舍清洁卫生也是预防牦牛寄生虫病的关键。应提高饲养人员养殖水平，加强放牧、粪便管理，避免饲料和饮水污染，增强牦牛对寄生虫感染的抵抗能力。最后，施行安全放牧措施。饲养牦牛的草原宽广、地形复杂，牦牛在牧区的移动和觅食时不仅可感染虫卵，也可将感染性虫卵携带至其他地方，从而扩大感染面积，如肝片吸虫的中间宿主椎实螺在沼泽地较多，牦牛在此区域活动，感染的可能性极高。因此，可在牧区草场较宽松的情况下施行避放牧（安全放牧）或轮牧等措施。

参考文献

[1] 才仁卓玛，铁富萍.海晏县牛、羊弓形虫病血清流行病学调查[J].中国畜禽种业，2019，15（04）：21.

[2] 达热玛.牛羊血虫病的发生与诊治[J].甘肃畜牧兽医，2016，46（17）：58.

[3] 郑斌，尹志奎，黄倩，李小会.国外牛、马弓形虫感染及影响因素分析[J].医学动物防制，2013，29（11）：1222-1224.

[4] 葛巍.弓形虫致密颗粒蛋白GRA7基因的原核表达及牛血清ELISA检测方法的建立[D].吉林：吉林农业大学，2014.

[5] 彭武丽，邓明俊，季新成，等.牛新孢子虫病和弓形虫病双重PCR检测方法的建立与应用[J].动物医学进展，2013，34（06）：58-62.

[6] 潘金金，赵国，邹晓艳，等.一例牛犊弓形虫病的诊治[J].中国牛业科学，2011，37（03）：91-92.

第五节　牦牛隐孢子虫病

隐孢子虫病是由隐孢子虫寄生于人和其他脊椎动物的胃肠道和呼吸道黏膜上皮细胞内，引起的以持续性腹泻为主要临床特征的一种全球性、机会性感染的原虫病。该病主要通过饲料、饮水等经口传染给动物，常引起流行和暴发。隐孢子虫可造成哺乳动物（尤其是反刍动物）的严重腹泻，禽类腹泻及卡他性呼吸症状，两栖类、鱼类的胃炎等，也是导致儿童和免疫缺陷病人腹泻的重要病原。

一、病原

隐孢子虫属于顶端复合体门孢子虫纲真球虫目艾美球虫亚目隐孢子虫科隐孢子虫属。隐孢子虫的卵囊呈圆形或是椭圆形，卵囊壁光滑，一端有裂缝，成熟卵囊内含有4个裸露的香蕉形的子孢子和一个颗粒状的残体。虫体寄生于宿主黏膜上皮表面微绒毛刷状缘内，虫体的基础与宿主细胞相融合。因此，隐孢子虫属于细胞内寄生。其宿主范围十分广泛，可感染包括人类在内的哺乳动物、鸟类、爬行类、两栖类和鱼类等多种脊椎动物，主要寄生于宿主胃肠道上皮细胞内。

二、流行性病学

已有研究证明，牦牛是隐孢子虫的天然宿主，感染隐孢子虫后，可引起牦牛食欲减退、腹泻、体重增加缓慢等症状，经济损失较大。

经调查分析，患腹泻的牦牛犊其隐孢子虫检出率高于无腹泻症状的牦牛犊。其致病性可能与牦牛年龄、免疫状况、营养状况、隐孢子虫感染强度等因素相关，进而诱发肠道机能紊乱，引起腹泻。据报道，隐孢子虫病主要是通过摄入被卵囊污染的水或饲草料而感染。调查发现，圈养牦牛比放牧牦牛检出阳性率高，圈舍及周围卫生差的比卫生状况好的检出阳性率高。其原因可能与周围环境（包括土壤、饲料、水源等）被隐孢子虫卵囊污染有关，圈养环境比放牧条件下更易感染卵囊。

三、临床症状

牦牛感染隐孢子虫病时，精神沉郁，食欲下降，体温略有升高，体弱无力，被毛粗糙，身体日渐消瘦，走路无力。会伴有腹泻，症状严重的牛只粪便呈灰白色或者黄色，其中纤维素含量升高。隐孢子虫单独感染时死亡率较低，但与大肠杆菌、轮状病毒以及冠状病毒混合感染时，死亡率急剧升高。

四、病理变化

牛犊持续腹泻时，小肠中绒毛会明显萎缩。组织学检查可见大量寄生虫嵌入有吸收能力的肠细胞微绒毛。感染程度轻时，只存在少数寄生虫，肠内无明显的组织结构变化。小肠绒毛常比正常时短小，常伴随腺管增生及炎性细胞浸润。

五、诊断

隐孢子虫病诊断主要依据流行病史、临床症状，确诊则需要在粪便或其他标本中发现隐孢子虫卵囊。用显微镜检测，条件允许的可采用血清学方法检测。

1.镜检

取新鲜粪便于50 mL离心管中，粪液加至离心管一半，然后加水至管口，用水平离心机3 000转/分离心15分钟，收集卵囊，然后用乙醚脱去粪便中的脂肪。用接菌环蘸取表面液体，放载玻片上进行镜检，并测量其卵囊大小。绝大多数卵囊为卵圆形，平均长径为$5.12 \sim 6.52 \ \mu m$，横径为$4.81 \sim 5.07 \ \mu m$，卵囊壁清晰，根据上述结构特征可鉴定为隐孢子虫。

2.血清学试验方法

ELISA试验具有较高的特异性、敏感性和稳定性，操作简便，易于掌握。单克隆抗体能识别隐孢子虫卵囊壁抗原，不仅可应用于粪便和小肠组织病理标本中隐孢子虫卵囊的检测，而且还应用于水源及环境中隐孢子虫卵囊污染的检测。

六、防治措施

至今尚无疗效确切的抗隐孢子虫的药物，但可加强补液、防止脱水，一般用 5% 葡萄糖生理盐 1 000 ~ 1 500 mL、25% 葡萄糖液 250 ~ 300 mL、5% 碳酸氢钠液 250 ~ 300 mL，一次性静脉注射，每日 2 ~ 3 次，再给患畜口服补液盐。临床实践中有一定疗效的药物为克林霉素、阿奇霉素等，国外有用螺旋霉素治疗的，国内用大蒜素胶囊治疗有一定效果。同时必须注意粪便管理，防止污染环境。对发病后的畜舍或流行区的畜舍，应定期 10% 福尔马林溶液或 5% 氨水溶液进行彻底消毒；也可用蒸气消毒，因为 65℃ 以上的温度可杀灭隐孢子虫卵囊，是目前较为有效和较安全的消毒方法。

由于隐孢子虫寄生于肠黏膜表面，所以体液免疫不能起完全保护作用，但对预防再次感染起一定作用。对于牛犊而言，及时饲喂初乳是最简单也是最有效的预防牛犊腹泻的方法。牛犊应在出生后 0.5 ~ 1 小时喂足初乳，出生后 12 小时内应喂给 4 L 高质量的初乳，第一次饲喂 2 L，间隔 12 小时再饲喂 2 L。同时牧场不能一味为降低成本而使用低质量的代乳粉，否则一旦发病就会出现成批发病的不良局面，对牛群今后发育影响深远。

参考文献

[1] 黄柳梅，阮记明，梁海平，等.牛隐孢子虫病研究进展[J].中国兽医学报，2015，35（08）：1387-1391.

[2] 杨宇庆.家畜隐孢子虫病的流行和诊疗[J].畜牧兽医科技信息，2019（11）：64.

[3] 郭晓改，杨娜.牛隐孢子虫病研究现状[J].现代畜牧兽医，2015，（06）：37-41.

[4] 张春艳，林明敏，宫彦超.牛犊隐孢子虫病的病原分离鉴定及防治措施[J].吉林畜牧兽医，2013，34（05）：17-18.

[5] 张可煜，薛飞群，施国昌. 隐孢子虫病及其有效药物筛选[J]. 中国兽医寄生虫病，2006，（04）：30-36.

第六节　牦牛肉孢子虫病

牦牛肉孢子虫病属原虫性寄生虫病，是由肉孢子虫科的各种肉孢子虫寄生在牦牛横纹肌或中枢神经系统而引起的食源性疾病，呈世界性分布。肉孢子虫的发育需两个宿主，分别为中间宿主：多为牛、羊、马、猪等草食、杂食性动物；终末宿主：狗、猫、鸟类、爬行类、鱼类及人类等肉食性动物。其中，人即可作中间宿主也可作终末宿主。家畜感染肉孢子虫病后，通常有贫血、消瘦、身体水肿等症状，孕畜会流产，从而造成生产性能降低，情况严重的可造成死亡。

一、病原

肉孢子虫在分类上属原生动物亚界原生动物门孢子虫纲真球虫目肉孢子虫科肉孢子虫属。据统计，已有记载的肉孢子虫有120余种，其中有56种是已经知道其生活史的，有20余种通常寄生于家畜和人体中。肉孢子虫对中间宿主的特异性较强，意思是在中间宿主体内一般只感染少数几种虫型，而对终末宿主的特异性稍弱，可感染多种动物携带的多种虫型。肉孢子虫在不同发育阶段具有不同的形态：①包囊（米氏囊）：寄生于中间宿主的肌纤维间，一般为卵圆形、圆柱形、纺锤形，呈乳白色。有两层包囊壁，内层向囊内延伸构成许多纵隔，从而把囊腔分为多个小室，成熟包囊的小室中有很多香蕉形或肾形的滋养体（又称缓殖子、南雷氏小体）。牛体内的包囊一般大于6 mm，可用肉眼清楚看见。②卵囊：处于终末宿主小肠上皮细胞中或肠道内容物中。椭圆形，囊壁很薄，其内有2

个孢子囊，每个孢子囊中又含4个子孢子。

牦牛有2种肉孢子虫：犬源性的牦牛犬肉孢子虫及猫源性的牦牛肉孢子虫，两者都可能用肉眼观察到。其区别需通过包囊壁的超微结构来区分，是现代虫型分类依据之一。牦牛犬肉孢子虫一般为圆形、椭圆形、卵圆形，形状与桑葚或蚕蛹类似。包囊壁很薄，没有横纹、刺或突起，壁有两层，第一层稍薄，呈钝圆锯齿状峰，第二层较厚。有两根较短的棒状体。犬为其终末宿主。牦牛肉孢子虫一般为线形、杆形、柳叶形，包囊壁较厚，有龟裂样横纹但无刺或突起。纵剖可见两层囊壁间有膜，形成明显界限，第一层内有微管。横剖可见第一层膜呈锯齿状，由第7、8层梭状细胞交替砌成。有三根棒状体，中间棒长，两边棒短。猫为其终末宿主。

二、流行病学

肉孢子虫能染各种品种或年龄的牛，感染率随年龄升高而增大。孢子囊随终末宿主的粪便排到外界，然后由鸟类、蝇类或食粪甲虫散播至各处。孢子囊对外界的抵抗力较强，一般处于适宜温度时至少能存活一个月。其对高温及冷冻较敏感，可以通过冷冻一周、60~70℃ 10分钟或-20℃下3天的方法进行灭活。

牛染病后常不表现症状，严重时症状也比较轻微。肉孢子虫对寄生部位有较强的特异性，寄生性强的部位一般是膈肌、心肌、食道肌。当它们寄生在家畜的横纹肌中时，会导致肌肉变性变色无法食用，从而引起巨大的经济损失。

终末宿主排出的粪便中携带卵囊或孢子囊，散布到周围环境中，被中间宿主吞食。子孢子先进入全身的动脉、小动脉、静脉和毛细血管内皮细胞进行两次裂殖生殖，然后进入血液或单核细胞内进行第三代裂殖生殖，最后，裂殖子进入心肌与骨骼肌纤维内发育成包囊。发育全过程耗时1~2月或者更久。终末宿主因食用生的或未煮熟的带肉孢子虫包囊的肌肉或神经组织而感染，包囊进入胃肠道被消化，在此释放缓殖子使其进入小肠绒毛上皮细胞或固有层，经1～2天发育为大、小配子，然后大配子受精形成卵囊。卵囊约5天后开始孢子化，8～12天发育成熟，然后随粪便排到外界。

三、临床症状

患肉孢子虫病病情较轻的牦牛通常不表现出临床症状，为隐性感染，成年牦牛即多为隐性经过。感染情况严重的牦牛会表现出不同程度的症状：厌食或不食、腹泻、发热、呼吸困难、发育不良、体重下降、肌肉僵硬、跛行、运动困难，甚至有后躯无力、瘫痪等症状。孕牛一般会有高热、共济失调或流产的现象。牛犊还有虚弱贫血、流涎、淋巴结肿大、尾尖脱毛坏死、发育迟缓，甚至死亡等。急性病例在感染后26～33天就可死亡。

实验室检查：红细胞、血球压积、血红蛋白急剧减少；中性白细胞、血小板减少，淋巴细胞增加或变化不明显；血清SGPT和SGOT两种转氨酶、肌酸激酶、乳酸脱氢酶活性升高；血清尿素氮、胆红素含量增多。

四、病理变化

出现泛发性淋巴结炎及浆膜出血。在舌、喉头、咽、心肌、食管壁、膈肌、肋间肌、胸肌、腹肌等部位有毛根状或圆点样肌囊，肌囊呈灰白色或乳白色。病变具体表现在脂肪的硬化性萎缩、淋巴结炎，大范围的斑样、点样出血，胸水、腹水、心包液增多。主要的组织学变化是单核细胞浸润、灶状坏死等。少数病例有脑膜炎、神经胶质结节非化脓性炎症。解剖病牛时可见其皮肤变硬，表层有或大或小的排列紧密的结节。结节的表面极粗糙，皮下组织有圆白小颗粒，颗粒约0.5 mm，摸着像小石头般坚硬。

五、诊断

多数牦牛肉孢子虫病例在患病时症状不明显，所以诊断稍困难。一般可以结合临床症状、免疫学方法及流行病学来进行综合诊断。常用的血清学检测方法有：间接血凝试验、酶联免疫吸附试验、间接荧光抗体试验、琼脂扩散试验等。

对于死亡病例，可通过剖检等方法进行诊断。肉孢子虫最常寄生在牛的食道肌、心肌、舌肌和膈肌等，对这些地方的肌肉进行包囊检查，若发现包囊或缓殖子即可确诊。牦牛的肉孢子虫在肉眼下即可观察到，也可通过光学显微镜观察未染色的组织压片、病理组织学以及蛋白酶消化法等进行检查。①肉眼观察：先把样品肌肉的寄膜撕开，拉平肌肉，放在光下从不同的角度观察。可以发现肌囊与肌纤维平行，呈梭形或圆柱形，长约 0.5~5 mm，颜色灰白、黄白或乳白，内部颗粒状。②组织压片镜检：此法的检出率一般在 80% 以上，可以观察肉眼难以发现的肉孢子虫包囊。方法：用弯剪顺着肌肉的肌纤维方向剪下 12 份小肉粒（共 24 粒），将肉粒放在两块玻璃片中间挤压，使之变成半透明样，然后放到显微镜下观察（观察到的虫体如第二部分所述）。经久的肉孢子虫肌囊钙化，呈黑色小团块，钙化的虫体周围有卵圆形的透光区。注意区分肉孢子虫与弓形虫，肉孢子虫染色质稍少，着色不均匀，裂殖体寄生在血管内皮细胞的胞浆中，PAS法染色反应呈阳性；弓形虫染色质多，着色均匀，裂殖体寄生在所有的有核细胞中，有带虫空泡与宿主细胞浆分隔，PAS反应为阴性。③蛋白酶消化法：检出率一般在 90% 左右，此法是用蛋白酶对宿主组织进行消化，然后对消化液进行检测，查看其中有无缓殖子或包囊。

六、防治措施

1.防控

肉孢子虫病目前还没有特效药，一般靠切断传播途径来进行预防。养殖场、舍、圈内尽量不要喂养猫、犬或其他动物，同时注意灭鼠。不要用生肉（尤其是带虫肉）来喂食犬、猫等食肉动物。保持养殖场、舍、圈的清洁卫生，保证饲料和饮水的清洁卫生，不要使其受到污染。加强肉品的检疫，若检出带病肉，则对其进行无害化处理以消除病源。药物预防：抗球虫药物对本病有一定的预防效果，可用莫能霉素、氨丙啉等。

2.治疗

目前此病尚无特效药，处于急性期的病牛可以使用氨丙啉、氯苯胍、伯氨喹啉以及抗球虫药（马杜拉霉素除外）等进行试治。

参考文献

[1] 陈西岐，于德顺.肉孢子虫病的检疫与防治[J].动物保健，2005，（03）：30.

[2] 单曲拉姆，夏晨阳，唐文强，等.牦牛住肉孢子虫病流行病学及危害研究[J].畜牧兽医科学（电子版），2019，（19）：119-120.

[3] 张玉杰.畜禽住肉孢子虫病的诊治[J].中兽医学杂志，2019，（04）：60.

[4] 单长友.动物肉孢子虫病诊治[J].中国畜禽种业，2016，12（12）：52.

[5] 董辉，陆瑶瑶，杨玉荣.牛肉住肉孢子虫的种类及其危害研究进展[J].中国人兽共患病学报，2017，33（08）：734-740.

第七节　牦牛脑包虫病

牦牛脑包虫病是由多头蚴寄生在牦牛的脑和脊髓等处而引起的寄生虫病，因此又叫脑多头蚴病。多头蚴是带科多头属的多头绦虫的中绦期幼虫，它寄生在牛体内会引起脑炎、脑膜炎等一系列病症。牦牛患病后一般会表现原地转圈等神经症状，因此又称该病为"回旋病"或"转头病"。脑包虫成虫一般寄生在犬、狼、狐狸等犬科类动物的小肠中，所以在犬类活动频繁的地区容易发现此病。牧区常有饲养犬类看家的习惯，因此牧区的患病率会比较高。脑包虫主要感染年龄在1~3岁的牛犊，若防治不及时就会造成巨大的危害和损失。

一、病原

脑包虫虫卵直径29~37 μm，内含六钩蚴，虫卵进入牛体后，六钩蚴在肠道破壁而出，钻入肠壁血管随血液到达脑和脊髓中，然后经过2~3个月发育为多头蚴，随即引起相应病变。多头蚴呈半透明囊泡状，大小不一（取决于寄生部位、发育成度、寄主种类等），直径约5 cm，颜色为乳白色，其内充满无色透明的液体。囊壁由两层膜组成，外膜角质层，内膜生发层。许多原头蚴附着在内膜上，一般100~250个，直径2~3 mm。其发育成熟后即为多头绦虫，此时虫体50~100 cm，宽度最大5 mm，全身由200~500个方形的节片组成。头节很小，上面有4个吸盘，顶突上有排成两排的22~32个小钩。每节有一组生殖器官，生殖孔位于节片侧缘中点的稍后方，呈不规则交替排列。300个左右的睾丸分布在两侧，卵巢分两叶，接近生殖孔的一叶稍小。

二、流行病学

牦牛脑包虫病是因多头绦虫的幼虫多头蚴寄生在牦牛脑部而引起的疾病。多头蚴还可感染羊、马、骆驼、人等。其最终宿主是犬类（犬类是本病的主要传播者），犬食用被感染的牛脑或脊髓后被感染，成熟的绦虫在犬小肠内可以生存数年。幼虫在犬体内发育成熟后节片脱落，随着宿主的粪便排到外界，然后再转化成感染性虫卵。虫卵对外界环境的抵抗力很强（20℃以下可忍耐干燥15天），所以在外界环境可以长期存活。虫卵随粪便的分解散落到各处，如饲草和饮水中，牛食用污染的饲草和饮水后即被感染。

本病呈世界性分布，多呈散发和地方性流行。临床上脑包虫病的发生存在季节性，一般发生在春秋两季，原因是此时段牧草较丰富，犬类活动频繁，易于疾病流行。可感染任一年龄的牦牛，其中感染率和致死率最高的是1~2岁的牛犊，尤其是1岁牛犊，它们处于发育阶段，抵抗力较差。

三、临床症状

多头蚴寄生的部位、数量不同，感染时间不同，病牛的临床症状也有所差异。初期病牛一般不出现明显症状，但一旦出现典型临床症状，则说明病原已在牛群中广泛且快速的传播，这样造成的危害会比较严重。病症主要分为两种类型：

（1）急性型：即第一期虫体移行期。感染初期六钩蚴进入脑组织，移动时机械性地刺激损伤着宿主的脑膜和脑实质组织，此时病牛会产生脑炎或脑膜炎症状。表现为：脉搏呼吸变快、食欲减弱、发热，对外界刺激敏感、强烈兴奋，常转圈、后退或向前冲撞。若症状得到缓解，食欲和精神会稍微变好，一天内病症仍可能发作多次。部分病牛会表现出磨牙、流涎、视力障碍、卧地不起或抽搐，在3~7天后死亡。

一些具有较强抗性的牦牛会延长发病时长，将急性病程转变为慢性病程。

（2）慢性型：病牛脑部组织中存在少量囊泡，囊泡不压迫脑组织时病牛不表现明显症状，此时病牛会有视力减弱、视神经乳头水肿、充血、出血等症状，严重的会失明。待囊泡体积、数量增大后，病牛进入多头蚴固定部位期。病牛的脑部或脊髓被囊泡压迫，出现相应的神经症状，如四肢麻痹、走路不稳、运动站立时无法保持平衡，做后退、转圈运动，不会掉头和直线行走等。染病后期，病牛精神沉郁，反刍减弱，食欲不振，逐渐消瘦，且病症渐渐加重、反复出现。

四、病理变化

病变部位主要集中在大脑。急性死亡的牛一般表现为脑炎和脑膜炎，能够在其脑组织中发现大量因六钩蚴移动而形成的瘢痕。慢性型病牛的大脑和脊髓中可发现大小数量不等的多头蚴。一般病变的部位还会有穿孔或骨质疏松等现象，严重的还可能有钙化和萎缩。将病死牦牛头部的包囊打开，会有透明液体从里面流出，大量的幼虫附着在囊膜表面。

五、诊断

根据脑包虫病的临床症状可进行初步诊断，触诊时通过摸到寄生部位的骨质变软变薄，皮肤隆起，以此判断虫体寄生部位。同时，可调查环境，询问周围是否有人饲养犬类或有狐狸、狼等出没。

确诊需进行实验室诊断：①脑部X光检查，可发现大脑部位存在囊状病变，骨骼有明显萎缩、钙化现象，患病部位和健康部位界限十分明显。用囊液作抗原对牛前腿内侧进行皮下注射，若20分钟后出现红色丘疹，则可确诊为阳性。②对病死牛进行病原学检测：切开头部病变部位的囊肿进行镜检，若发现存在多头蚴，即可确诊。

临床诊断时需注意区分脑包虫病与脑炎、莫尼茨绦虫病：①脑炎：在夏秋两季发病，病因与蚊虫或其他吸血昆虫的频繁活动有关。临床症状更严重，主要表现为食欲减退甚至废绝，高热不退，个别有严重神经症状甚至会昏迷休克，在几日内快速死亡。一般不会有头骨变薄变软和皮肤隆起的现象，叩诊时头部没有半浊音区，不出现明显转圈运动，病程较脑包虫病短。②莫尼茨绦虫病：可在粪便中查到虫卵，患病畜用驱虫药后症状可消失。

六、防治措施

1.防控

（1）加强饲料管理：调查发现多数病例都是因为食用了被犬类动物粪便污染的饲草而感染，所以做好饲料管理对本病的防控极为重要。①不用患病的牛脊髓、羊脑或者牛脑饲喂家犬，病牛的头颅和脊柱应进行烧毁或其他无害化处理。②最好不饲养犬类，若需要饲养，则严格限制其活动范围，禁止其进入养殖场。同时注意及时清理和深埋粪便，保证饲料和饮水不被污染。给犬进行预防性驱虫，至少春秋两次，以防止孕卵节片或虫卵污染饲草和饮水。③饲料质量要保障，若有霉变或被粪便污染，则需严禁其运用在饲养中。

（2）做好驱虫工作：定期进行驱虫工作以减少染病率，至少在春秋两季进行驱虫，一般用丙硫咪唑和吡喹酮，可结合虫害程度决定驱虫次数。

2.药物治疗

对慢性型病牛或处于发病初期的病牛，可以选择口服驱虫药物。一般选择吡喹酮片，$30 \sim 50 \text{ mg/kg}$ 体重，1次/7天，连续服用 $3 \sim 4$ 个疗程，同时辅以 500 mL 5%葡萄糖、100 mL 10%磺胺嘧啶钠注射液、50 mL 维生素C注射液静脉滴注。可同时加240万IU青霉素进行肌肉注射。采用此方法通常1个月后病情会有所缓解，$5 \sim 6$ 周基本痊愈。

3.手术治疗

（1）确定手术部位：脑包虫的寄生部位决定了牛的患病症状，

所以需要先确定虫体寄生部位。若视力受影响、直线行走，则说明寄生虫位于脑部前侧（额叶）靠中线处，牛遇到障碍时头部先偏向的一方则是虫体的方位。若视力正常但有原地转圈的症状，那么转圈的方向就是寄生虫所在方向。若牛一侧失明，原地转圈，且转圈方向就是眼睛失明的方向，则虫体处于转圈方向的反向位置（原因是包囊大且囊液量多，使颅内压增高，脑底部视神经受影响，根据视神经交叉的原理，虫体寄生部位即为失明对侧）。

（2）手术摘除包囊：手术部位剪毛后清洗消毒，局部浸润麻醉（性情不好的病牛可用二甲苯胺噻唑全身麻醉）。侧卧保定，尽量使头盖部朝上，固定好头部。找准牦牛头骨软化点，以此为中心作"十"字或"U"字形切口。用手术刀切透皮肤及皮下组织，注意不切破骨膜，使用止血钳夹紧皮肤，并使用手术刀柄分离。然后，用消毒过的圆头电钻在骨质上钻取直径约为2 cm的圆孔。将取下来的头骨片放到生理盐水中，避免投入片被感染或污染。对裸露的脑膜进行"十"字形处理，剪开后，由于颅内压力较大，包囊会自动突出体外，此时只需要轻轻将其拉出即可。通常拉扯到2/3的长度时，包囊会出现卡顿的情况。此时，用口径为20 mL的注射器对包囊进行穿刺，抽空包囊内含有的液体，然后拉出（包囊变得干瘪之后比较容易拉出）。包囊清理干净之后，用95%浓度的酒精对术口冲洗消毒2~3次，用止血纱布擦拭手术部位，滴入少量青霉素，把骨膜拉平，遮盖圆锯孔，然后结节缝合皮肤，缝完以后涂磺胺软膏，最后用碘酊消毒。手术后注意保护牦牛头部。

参考文献

[1] 增特才郎.手术治疗牦牛脑包虫病[J].畜牧兽医科技信息，2019，（07）：68-69.

[2] 陈晓辉.牛脑包虫病的防治措施研究[J].中国动物保健，2017，19，（07）：91-93.

[3] 尼夏杰.牦牛脑包虫病治疗[J].畜牧兽医科学（电子版），2020，（01）：84-85.

[4] 吴培荣，张晓婷.牦牛脑包虫病的治疗与预防[J].当代畜禽养殖业，2018，（03）：36.

[5] 扎西才让.牦牛脑包虫病的调查及防控[J].畜牧兽医科技信息，2019，（10）：99-100.

[6] 魏廷俊.牦牛脑包虫病的诊治[J].养殖与饲料，2016，（09）：72-73.

第八节　牦牛球虫病

　　牦牛球虫病是由艾美耳科艾美耳属的多种球虫寄生在牦牛大肠或小肠后段黏膜的上皮细胞而引起的原虫性寄生虫病。牦牛患病后，球虫破坏肠道上皮细胞，阻碍导致肠道对营养的正常吸收产生阻碍，最终影响个体生长发育。如果养殖者不能有效控制病情，患病牦牛还会出现腹泻、便血等症状，严重者甚至会死亡，这将导致巨大的经济损失。该病可感染任何品种或任意年龄段的牦牛，但不同年龄的牦牛感染后表现出来的抵抗力是不大相同的，因而其症状也会有些许差异。最易染病的是2岁以内的牛犊，染病后症状也较为严重，病死率高达20%～40%，同时病情蔓延极快，危害严重。成年牦牛染病后症状常呈隐性经过，一般不腹泻，作为带虫者。球虫病呈季节性发生，一般为4～9月，也有在冬季舍饲期发病的。本病呈地方性散发和流行，常在多沼泽或潮湿的草场上放牧的牛群极易感染。

一、病原

　　牦牛球虫病的病原为艾美尔球虫，其属原生动物门孢子虫纲真球虫目艾美耳科艾美耳属。艾美尔球虫可感染黄牛、奶牛、水牛和牦牛等，且呈世界性分布，中国鉴定出16种艾美尔球虫属的球虫，其中主要有10种寄生在牦牛身上，分别是：邱氏艾美耳球虫、牛艾美耳球虫、椭圆艾美耳球虫、亚球形艾美耳球虫、柱状艾美耳球虫、加拿大艾美耳球虫、巴西艾美耳球虫、奥博艾美耳球虫、怀俄明艾美耳球虫、皮利他艾美耳目球虫。其中的邱氏艾美耳球虫和牛艾美耳球虫是最常见且致病力最强的寄生球虫，椭圆艾美耳球虫致病力处中等地位，奥博艾美耳球虫致病力稍弱。

邱氏艾美耳球虫：低倍镜下呈无色，高倍镜下呈淡玫瑰色。卵囊大小为（17~20）μm×（14~17）μm，呈圆形或椭圆形，囊腔几乎被原生质团充满。囊壁有2层，厚0.8~1.6 μm，外壁无色光滑，内壁淡绿色，没有卵膜孔和内外残体，形成孢子需2~3天。该种球虫主要寄生于直肠，也有寄生于结肠或盲肠下段的情况。

牛艾美耳球虫：低倍镜下呈淡黄色或玫瑰色。卵囊为（27~29）μm×（20~21）μm，椭圆形。囊壁2层，外壁厚1.3 μm，光滑无色；内壁0.4 μm厚，淡褐色，有卵膜孔和内残体，但卵膜孔不明显，无外残体，形成孢子需2~3天。该种球虫主要寄生于小肠、结肠和盲肠。

艾美尔球虫主要寄生于牦牛大肠和小肠下段的上皮细胞，从而引起肠壁发炎、细胞崩解等，最后使肠道出现出血症状。虫体还会分泌有毒物质，随着肠道对毒素的积累和吸收，最终会导致全身性中毒。一般情况下，牦牛体内寄生的虫卵达到10万个左右，机体就会出现明显的临床症状，虫卵达到25万个则会使牦牛死亡。

艾美尔球虫属直接发育型生长，不需要中间宿主，但其生长过程并不简单，总的来说可分三个阶段：①无性生殖阶段，主要依靠寄生部位上皮细胞的营养物质进行裂体生殖；②有性生殖阶段，主要靠雌性大配子和雄性小配子结合形成合子；③孢子生殖阶段，第二阶段形成的合子变为卵囊，然后发育成孢子囊和子孢子（成熟的子孢子卵囊就是感染卵囊）。感染卵囊进入宿主体内后，通过消化系统和消化液的帮助，很快就能侵入小肠、大肠上皮细胞形成裂殖体。然后分裂成很多的小核，它们通过分裂增殖不断地进行反复裂变，从而严重地损害到上皮细胞，使疾病发生。简单过程可描述为：牛吞食卵囊后，卵囊顺着食道流动至肠道，此时逸出孢子，孢子便寄生在肠道上皮细胞内，然后不断分裂成裂殖子，裂殖子发育成熟后通过配子生殖，形成大、小配子体，两者结合后成为卵囊，最后随着粪便排出。

二、流行病学

牛体内寄生的各种寄生虫中，艾美耳球虫是致病性最强的一种寄生虫，这种寄生虫的致病力极其强烈，并且各个品种的牛均可感染，其中感染性最强的牛就是生产性能比较高或者是繁殖性能比较好的品种。球虫的卵囊需要适宜的温度和湿度才能发育，所以在高温高湿的夏天，牦牛较易染病，若在春秋天有适宜的环境条件也可能会染病。此外，如果突然改变牛饲料的成分或者是其他的一些因素导致牛的身体机能发生变化，使抵抗力下降，牦牛的染病概率也会升高。在不同地区或不同牛群中，球虫的感染率和发病率是不大相同的，且在自然条件下，球虫病多为混合感染，单种感染的情况较少。

小于2岁的牛犊发病率较高，且临床症状最明显，死亡率高达20%~40%。通常球虫病的典型临床症状如腹泻不会发生在出生后的前三周，所以若新生牛犊有腹泻的症状，不用考虑本病。成年牛感染此病后往往成为带虫者，呈隐性经过，不表现出明显的症状，但具很强的传染性。牦牛在食用被污染的饲料饲草或饮用污染水源时，会同时吞入球虫卵囊，具感染性的卵囊通过食道到达肠道后，孢子溢出，并不断分裂，最后导致牛感染球虫病。病情的严重程度主要取决于吃进的卵囊数量，数量少则不显示症状（少量的卵囊重复感染可使宿主产生免疫力）。

三、临床症状

牦牛球虫病潜伏期为2~3周，时间长的可达一个月。发病类型

155

可分为两种：急性型、慢性型。成年牦牛感染后一般保持健康状态，饲料利用率稍微降低，粪便正常但夹杂大量虫卵。而牛犊染病后常呈急性经过，病程常持续10~15天，极少数牛会在1~2天内死亡。病犊体温一般为39~41℃，呼吸30~40次/分，心率100~120次/分。初期的行动、喂食、精神状态、体温基本正常，随着感染时间逐渐变长，许多症状便会显现出来。其过程一般可分为四期：①精神和吸乳正常，仅拉白色浓稠的粪便；②精神萎靡、食欲下降、反刍变弱、腹部膨胀，用手叩击有鼓音，拉稀粥样便，排便次数变多且臭，使病犊尾根、肛门和臀部脏污。③体型变瘦，体温升高到约41℃、结膜苍白、毛发松乱、口舌干燥、口腔恶臭、走路时摇摆不定、常举起尾巴或躺卧不动、背呈弓形，此时排出的粪便呈黑红色，且腥臭难闻；④大便失禁，不断排出鲜红色带气泡粪便，气味恶心。

一些患病牛犊在急性期会死亡，少数会因肺炎等并发症而死亡。一些牛犊会表现明显的神经症状如肌肉或眼球震颤、感觉过敏、惊厥等，此时死亡率极高，达80%~90%。在这些症状出现后24小时内就可能死亡，或者存活几日。但此种神经症状仅出现在加拿大和美国北部的严冬时候，其他地方未见报道。通常重病后存活下来的牛犊体重会明显减轻且不易恢复，甚至会产生永久性的发育障碍。

慢性型的病牛通常发病后3~5天病情慢慢好转，但下痢的现象不会消失，且还伴有贫血症状，若这一过程持续数月，牛便会因贫血消瘦而死亡。

四、病理变化

患病牦牛很消瘦，可视黏膜苍白。剖检可见胸部和下颌有大量淡黄色液体，胸、腹腔有红色积液。肠道内充满液状内容物，肠壁变薄至半透明，质地变脆，没有弹性。肠系膜淋巴结肿大、出血，肠黏膜上有点状、索状的出血点以及白色或灰白色、大小不一的点。经常出现溃疡，直径达4～15 mm，表面有凝乳状的薄膜。直肠内容物常为红色或红棕色，偶尔有黑色。对大肠黏膜进行触片镜检，能够发现大量的球虫卵囊和裂殖体。肛门外翻，粪便中有很多黏膜碎片、假膜和凝血块。

五、诊断

根据临床症状和病理变化可做出初步诊断，确诊需要进行实验室检查。实验室检查样品多为粪便，若发现其中有球虫卵囊即可确诊。通常采用的方法为涂片镜检：①粪便镜检。取新鲜粪便约10 g，放入烧杯，加入15倍左右饱和食盐水并搅拌均匀，然后用两层纱布过滤到另一烧杯中，静置10分钟。用一个干净的金属圈蘸取液膜，将液膜放在载玻片上，盖上盖玻片后用显微镜观察。②直肠刮取物镜检。将刮取的直肠黏膜放入烧杯，加入等量甘油饱和盐水，混合充分后取1～2滴到载玻片上，盖上盖玻片观察。若发现圆形或椭圆形卵囊（外有双层壳膜，周围透明，中间深褐色），即可确诊。

临床上需注意区别球虫病与大肠杆菌病、沙门氏菌病、肠炎、轮状病毒病、副结核病等。

（1）大肠杆菌病：两者类同的地方是体温升高、粪便带血。不同处是大肠杆菌病通常发生在出生数天的牛犊中，症状为脾脏肿大，粪便呈黄色粥样，且有严重的酸败味。患病牛还可能出现腹痛或关节炎等并发症。

（2）沙门氏菌病：两者类同的地方是体温升高、消瘦很快、粪便恶臭。不同处是沙门氏菌病一般在发病后3～5天会死亡，病期较长的则可能会有关节肿大、气管炎或肺炎等。成年病牛可能会有黏膜充血、腹部剧痛等症状。

（3）肠炎：两者类同的地方是体温升高至40℃左右，腹泻，排血便。不同之处在于粪便中夹杂的黏液和腥臭味。

（4）轮状病毒病：两者类同的地方是粪便带血、精神萎靡。不同之处是轮状病毒病一般感染 1～10 日龄的牛犊，常于 3～4 月发病。粪便稀如水，呈黄绿色，没有卵囊，喷射状拉出，患病时间很长后粪便中才会带血。病死率低，仅 1%～4%。

（5）副结核病：不同之处是本病病程较长，体温不会上升，粪便中偶尔出现血丝，无卵囊。

六、防治措施

1.防控

①成年牛多为带虫者，所以需要把成年牛和牛犊分开进行饲养，并且分开放牧，使他们不在同一区域。②球虫卵的发育生存喜欢在潮湿的环境中进行，所以尽量不在沼泽地或其他潮湿区域放牧和饮水（尤其在温暖季节）。③饲草、饮水等要清洁卫生。及时清理尿液、粪便和污水，并对其集中热发酵，以杀死球虫卵囊。同时，做好牛舍消毒工作，可每周对食槽、水槽、地面等环境和饲养用具进行消毒（如地面可用 3%～5% 热碱水或 1% 克辽林等消毒剂消毒 1、2 次）。为避免粪便污染饲料和饮水，料槽和水槽位置应尽量高些。④哺乳母牛要经常擦洗乳腺和乳头，且在哺乳前进行消毒，哺乳后尽快牵回其牛舍。⑤牛舍（尤其是暖棚）应冬暖夏凉，注意通风、排水以保证干燥，且饲养密度要合理。⑥发现病牛后要及时隔离，进行检疫和治疗，同时需向上级（防检疫部门）汇报，患病死亡的牛要无害化处理。⑦本病易在更换饲料时发生，因此更换饲料需缓慢过渡。⑧药物预防：常用氨丙啉（每天取 5 mg/kg 体重的药混入饲料，连用 21 天）或莫能菌素（每天取 15 mg/kg 体重的药混入饲料，连用 33 天），注射维生素 K_3；中药可用地榆炭、白毛翁、槐花等捣碎后煮水。⑨给予牛群充分的活动空间，以保障其运动量，促进肠胃蠕动，提升抵抗力，减小患病概率。

2.药物治疗

许多药物都可用于球虫病治疗，由于不同的药物适用于球虫的发育阶段不同，在不同的患病阶段选用的药物也应有所差异。抗球虫药的主要作用有：①抑制核酸合成，如乙胺嘧啶、抗菌增效剂等；②竞争性干扰虫体代谢，如用氨丙啉、磺胺类等；③干扰虫体正常功能，如用氯苯胍、莫能菌素等。以下为主要几类药物及其用法：

（1）氨丙啉：维生素B_1的拮抗剂，作用原理可能是同虫体内的维生素B_1形成竞争性抑制，造成维生素B_1缺乏，使维生素B_1的代谢受影响，就此起到抗虫效果。本药主要作用于无性繁殖初期的裂殖体，使其发育受抑制，无法发育成裂殖子。在一定程度上也可抑制有性繁殖和子孢子。药量为20～50 mg/kg体重，连续口服4～6天。

（2）磺胺类药物：叶酸的抑制剂，主要通过竞争性抑制球虫合成叶酸的酶，使叶酸代谢受影响，而核蛋白合成受阻，以此起到抗虫效果。本类药只能杀死最后阶段的球虫。用法：①磺胺二甲基嘧啶：140 mg/kg体重，2次/天，连用3天；②磺胺噻唑：30 mg/kg体重，3次/天，连用2～3天；③邻苯二甲酰磺胺嘧啶：30 mg/kg体重，3次/天，连用2～3天；④磺胺脒：0.1 g/kg体重，2次/天，连用3天。

（3）莫能菌素：抗球虫和生长促进剂，16～33 g/t饲料饲喂。

（4）呋喃类药物：抑制多种微生物的酶系，包括能参与碳水化合物代谢的酶系。①呋喃唑酮：7～10 mg/kg体重，连用7天；②呋喃西林：7～10 mg/kg体重，1次/天，连用7天。

（5）盐霉素：2 mg/kg体重，1次/天，连用7天。

（6）土霉素：20 mg/kg体重，2～3次/天，连用3～7天。

治疗过程需注意对症下药，本病可采用联合用药法（同时用两种及以上抗球虫药物，并配合止血、防脱水、抗炎、抗继发感染等药物使用），由此可延缓耐药虫株产生、加强药效、减少单一药物用量、避免体内残留、节约费用。例如磺胺二甲嘧啶与酞磺胺噻唑合用，前者能使球虫无性繁殖受抑制，后者能避免肠道内细菌继发感染。

病牛若有严重腹泻、排血便，可混合500 mL 5%葡萄糖生理盐水注射液、400国际单位辅酶A、3 mL维生素B_6注射液、10 mL肌苷注射液后进行静脉注射，1次/天，一疗程为3天，共治疗约11天。同时需做好能量补充，强心补液，调节好机体平衡，防止牛虚脱。

除常用的西药治疗方式外，还可以采取中药治疗方式。通常药方为：70 g柯子、60 g白头翁、70 g金樱子、50 g木香、70 g旱莲草、70 g地榆炭、60 g马齿苋、70 g五信子、60 g葵花以及70 g枳实，磨成粉末后加入适量水调服，每天服用1剂即可，连续服用4天。

参考文献

[1] 郭丽虹.牛球虫病的诊断及防治[J].兽医导刊，2019，（23）：32.

[2] 贺安祥，叶忠明，甄康娜，等.牦牛球虫病防治[J].四川畜牧兽医，2009，36（02）：52-53.

[3] 花丽茹.肉牛球虫病的流行病学、临床症状及防治[J].现代畜牧科技，2019，（10）：119-120.

[4] 董建敏.牛球虫病的流行与防控[J].现代畜牧科技，2019，（01）：58-59.

[5] 仲日俊.牛球虫病的发生、诊断和防治方案[J].现代畜牧科技，2019，（11）：66-67.

[6] 刘智华，张云征.牛球虫病的诊断和防治[J].当代畜禽养殖业，2019，（12）：34.

[7] 弟保.牛球虫病诊断和防治措施[J].畜牧兽医科学（电子版），2019，（22）：63-64.

第九节　牦牛新孢子虫病

牦牛新孢子虫病是由寄生于犬、牛、羊、马等动物的中枢神经系统、肌肉、肝及其他内脏的犬新孢子虫引起的一种原虫病。孕畜患病，会发生流产或死胎的情况，即使胎儿可以顺利出生，也会发生神经系统和运动障碍等。牦牛新孢子虫病在世界各地广泛存在。目前为止，世界上尚未有有效防止牦牛新孢子虫病的药物和疫苗，现阶段行之有效的方法就是淘汰病牛。因此，牦牛新孢子虫病的存在给牦牛生产造成了巨大的经济损失。该病存在比较明显的地区差异性，各地牦牛发病严重程度不同，我国是牦牛养殖大国，受牦牛新孢子虫病影响巨大，要特别注意牦牛新孢子虫病的研究、防控。

一、病原

1984年Bjerkas等在首次在挪威的狗上鉴定出犬新孢子虫，随后在1998年Dubey等将其描述为一个新的新孢子属和种。新孢子虫寄生于宿主动物细胞。对于牛而言，妊娠母牛患此病会流产或产下死胎，即使胎儿幸存，其体质也比较虚弱，易发生神经系统和运动障碍等病症。新孢子虫病也可通过终末宿主粪便中的卵囊经口或鼻感染速殖子，经器官感染缓殖子。

二、流行病学

目前，在全世界范围内，报道过此病的国家至少有55个，中国的大部分地区存在牛新孢子虫病。新孢子虫的中间宿主是犬、牛、羊、鹿等动物，终末宿主是犬和郊狼。检测世界各地的牦牛，其新孢子虫的阳性率存在比较明显的地区差异性，产生差异性的主要原因是检测手段、种属和年龄的不同。经研究发现，牦牛感染新孢子虫的概率与年龄因素有关，年龄越大，患病概率越大，牦牛增加一岁，牛新孢子虫病阳性率增加3%（相对于阴性）。

牛新孢子虫病的传播途径以速殖子经过胎盘垂直传播给胎儿为

主，又分为内源胎盘感染和外源胎盘感染，其中超过90%的垂直传播属于内源胎盘感染，外源胎盘感染不足10%。

三、临床症状

成年牦牛患病后出现流产、死产，多发于母牛妊娠期的5～6个月。牛新孢子虫病可发生于一年四季，以春末至秋初为最。新生牦牛患病后瘫痪、抽搐、畸形、肌肉萎缩以及出现其他神经系统疾病，特别是出现群发现象时，就要考虑胎儿是否通过垂直传播感染牛新孢子虫病。

四、病理变化

新生牦牛的脑组织、肌肉、皮肤脓包及呼吸道分泌物等组织中可寄生新孢子虫。因此对流产胎儿的脊髓、脑、肝、心脏等组织进行常规组织检查，可观察到多灶性、非化脓性脑炎、肝炎、心肌炎、神经炎等。如果在这些组织中检测到新孢子虫速殖子、组织包囊，也可以确诊感染牛新孢子虫病。

五、诊断

根据新孢子虫病的临床症状和剖检变化可以做出初步诊断，确诊需做实验室检测。目前较为常用且特异性较好的实验室诊断方法有免疫组织化学检测法、间接荧光抗体试验（IFAT）、酶联免疫吸附试验（ELISA）、亲和素-生物素-过氧化物酶染色法（ABC）、乳胶凝集试验（NAT）和免疫印迹法（IB）等。

1.病原学诊断

无菌采取来自流产胎儿的脊髓、脑、肝、心脏等组织样本，进行检查，看看能否检测到新孢子虫速殖子或组织包囊，如果观察得到，就可以确诊患牛新孢子虫病。光学显微镜下无法辨别新孢子虫和弓形虫的速殖子，需要在电镜下进行超微结构检查。新孢子虫和弓形虫的棒状体构造存在明显不同，弓形虫为蜂窝状棒状体，而新孢子虫速殖子的棒状体电子致密度很高。光学显微镜下观察组织包囊也可以区分新孢子虫和弓形虫，弓形虫许多组织器官中可以出现组织包囊，包囊壁厚度不超过 1 μm，新孢子虫神经组织出现组织包囊，包囊壁的厚度为 4 μm。

免疫组织化学检查法（IHC）也是一个有效的方法，对病死牦牛的脊髓、脑、肝、心脏等组织或其他病变组织采样、组织切片后，进行免疫组织化学染色，可检测到组织内的新孢子虫。另外新孢子虫的虫体可用其血清进行特异性着染，弓形虫和其他原虫的血清不具有该特异性着染的功能，对新孢子虫的虫体无效，由此可以特异性诊断新孢子虫。

2.血清学诊断

有效的血清学诊断方法对于牛新孢子虫病的诊断十分必要，血清学诊断方法包括凝集法、间接荧光抗体试验（IFAT）、酶联免疫吸附试验（ELISA）等，其中IFAT、ELISA两种方法最为常用。

通过新孢子虫血清中的抗体测定来新孢子虫的方法就是间接荧光抗体试验（IFAT），其特异性好、敏感性高，主要对幼小牦牛先天性牛新孢子虫病进行检测。目前，新孢子虫ELISA诊断试剂盒研发较多，使用较为广泛。

3.PCR检测

随着科学技术的发展，分子生物学方法特别是PCR方法也应用于检测牦牛新孢子虫病，国内外均有较多报道。

六、防控措施

当牦牛出现临床症状或病理变化时，因没有有效的药物医治，比较有效的手段是隔离病牛，淘汰病牛。因此，对该病的防控必须采取必要的、有效的、综合的防控措施就显得尤为重要。

（1）定期对牛群进行血清监测管理，随时关注牛群情况，及时发现、筛选、隔离出现问题的牛，以达到消除传染源的目的。

（2）加强管理牛群的居住环境，保证牛床干燥清洁，做好日常的消毒工作，杜绝传染途径。

（3）加强犬、猫等家畜的管理，禁止犬、猫等进入牛舍牛栏，接触牦牛饲料和饮水，禁止用流产胎儿饲喂犬。

参考文献

[1] 马利青.柴达木地区黄牛新孢子虫病的 ELISA 检测[J].畜牧与兽医，2006，38（04）：46-47.

[2] 马少丽，马利青.绒山羊犬新孢子虫病的血清学调查[J].中国兽医杂志，2006，42（09）：25-26.

[3] 铁富萍，李德寿，李娟.牦牛新孢子虫病 ELISA 检测[J].中国草食动物，2011，31（03）：66-67.

[4] 张焕容，王言轩，周子雄，等.川西北牦牛新孢子虫感染血清流行病学调查[J].中国动物检疫，2013，30（01）：44-45.

[5] 蒲敬伟，袁立岗，石琴，等.天山牦牛新孢子虫病的监测与防控分析[J].畜牧与兽医，2015，47（07）：149.

[6] 赵丹莹，赵冠姝，于龙政，等.牛新孢子虫病的临床表现与流行概况[J].吉林农业，2017，（14）：60.

[7] 季新成，王文，牛因辉，等.牛新孢子虫二温式 PCR 检测方法的建立与应用[J].动物医学进展，2011，32（08）：17-20.

[8] 季新成，段晓东，黄玲，等.牛新孢子虫内标双重荧光 PCR 检测方法的建立[J].中国善医学报，2012，32（03）：406-410.

[9] 唐慧芬，季新成，于学辉.牛新孢子虫内标多重 PCR 检测方法的试验[J].中国兽医杂志，2012，48（4）：23-26.

第十节　牦牛巴贝斯虫病

牦牛巴贝斯虫病是一种由巴贝斯虫引起的原虫病。巴贝斯虫寄生在牛体血液内，病牛常常伴有发热、溶血性贫血、黄疸等临床症状，偶尔伴随血色蛋白尿，会极大程度地影响牦牛的生长发育，导致牦牛体重减轻。牦牛巴贝斯虫病有较高的发病率和死亡率，且在全世界广泛发布，在我国主要分布在新疆、甘肃、湖南、河北等地区。因此，牦牛巴贝斯虫病给牦牛养殖业带来了巨大的经济损失。目前对于牦牛巴贝斯虫病的主要预防方法是免疫接种。

一、病原

牦牛巴贝斯虫是巴贝斯科巴贝斯属的原虫，寄生在宿主的红细胞内，破坏红细胞。该病的传播方式蜱叮咬传播，有较明显的区域性和季节性。目前我国牛巴贝斯虫已报道有5种：双芽巴贝斯虫、东方巴贝斯虫、牛巴贝斯虫、卵形巴贝斯虫、和大巴贝斯虫，它们的形态多样，共同形态主要有圆环形、椭圆形、单梨子形、双梨子形和不规则形等。其中危害较为严重、发病较多是牛巴贝斯虫和双芽巴贝斯虫。

牛巴贝斯虫虫体微小，半径长度小于红细胞半径，呈现梨形外观，其余4种巴贝斯虫虫体较大，长度均大于红细胞半径。牛巴贝斯虫进行姬姆萨染色后，显微镜下观察，虫体多位于红细胞边缘，成双的梨子形尖端相连，形成一个钝角，虫体的原生质呈现蓝色，中央颜色浅，边缘部分颜色深，染色质多位于边缘，呈暗红色或紫红色1～2个团块。

双芽巴贝斯虫的虫体外观呈梨形，含有双芽巴贝斯虫的样品经血涂片后，显微镜下观察，虫体基本位于红细胞的中央，成对排列，呈香蕉状，"香蕉"尖端相连，构成一个锐角，其余虫体呈圆形、椭圆形、环状、逗点状。感染了双芽巴贝斯虫的红细胞边缘不整，呈齿轮状、星芒状或不规矩的多边形，且部分红细胞出现破裂现象。

二、流行病学

牦牛巴贝斯虫病属于传染病中的虫媒病，因此该病如果要发生和流行，必需条件有3个：病原体、传播者（蜱）、易感动物。仅仅是这样还不够，还需要蜱虫体内有牦牛巴贝斯虫，并且有大量新虫体产生。含有虫体的蜱叮咬易感动物的皮肤，这样牦牛巴贝斯虫经唾液传入易感动物血液中，随后虫体在血液中进入牦牛的血红细胞，将会产生毒性代谢产物，破坏红细胞，产生溶血性贫血，同时红细胞在破坏后，会释放血红蛋白，产生黄疸和血红蛋白尿，这是牛巴贝斯虫病的典型特征。红细胞的破坏还将影响到牦牛脑、肺、肾等实质器官的正常功能，甚至导致感染牛死亡。

巴贝斯虫的宿主是蜱虫，蜱虫生活在牛的体表，每年会繁殖2~3代，每代时间间隔2个月，因此牛感染该病的频率为一年2~3次。据研究发现，2岁以内的牛犊发病率高，但症状轻、死亡率低，而成年牛发病率低，但牛一旦感染症状就较重，死亡率高。

三、临床症状

牛巴贝斯虫病有8~15天的潜伏期，在患病初期，患牛精神萎靡，食欲不振，体温升高，一般在41℃左右。观察患牛，不爱活动，喜爱卧地，身体普遍消瘦，口色淡红、津液黏稠，结膜苍白黄染。患牛还会出现腹泻、便秘或两者交替的情况，也有可能大便中含有黏液和血液，呈恶臭味，对于孕牛而言，容易有流产情况发生。发病后数天，牦牛会出现血红蛋白尿的现象，尿液颜色由淡红色变为棕红色或红黑色，其中蛋白质含量增高。随着病程的延长，患牛会出现黄疸、水肿，严重者多在发病后4～6天内死亡。病情较轻、控制得当者，病势逐渐好转，体温可降至正常，食欲逐渐恢复，尿色变浅转为正常，整个身体状况慢慢恢复至正常水平。

四、病理变化

剖检发病后死亡的牛可以发现，尸体消瘦，体重减轻，血凝不良，全身的实质器官广泛性出血；皮下组织、肌间组织及脂肪组织都呈水肿黄染。患牛的脾脏肿大，为正常大小的2～3倍，呈棕黄色，脾脏髓质软化，切面呈紫红色，色泽变暗，有出血点。肝脏变为黄褐色，有不同程度的肿大，切面呈豆蔻状花纹，表面有出血点。胆囊也出现肿大，胆汁浓稠呈暗绿色稀粥状。心脏扩大，心肌变软，呈黄红色，表面有点状出血，心内外膜有出血斑。肾脏肿大，有出血；真胃和小肠黏膜水肿并有少量出血斑点；膀胱充满红褐色尿液，黏膜有出血点。

五、诊断

在实际生活中，可以根据牛巴贝斯虫病的流行病学、临床症状及病理变化做出初步诊断，比如患牛精神萎靡，食欲不振，体温升高，一般在41℃左右。患牛的高烧不能通过抗生素的使用使其退烧，即使使用退热药，患牛的体温也会反复无常，短暂降温、药效过后又会高烧，同时伴有贫血、黄疸、血红蛋白尿等现象。且经仔细观察后，发现有蜱虫的存在，可以大致判断牦牛得了牛巴贝斯虫病。临床上也可采用有杀灭巴贝斯虫作用的特效药进行治疗性诊断，如贝尼尔。

要确诊牛巴贝斯虫病需要通过实验室技术手段进行验证。采集血液样本，制作血液涂片，光学显微镜下观察红细胞，如果红细胞内检出呈圆点形、椭圆形、环形或成对的梨形样巴贝斯虫，疾病后期的血清还可以看到子虫体，就可以确诊。另外，如果检测牦牛表面皮肤的蜱虫样本，检测到体内有牛巴贝斯虫也可以确诊。

采集患牛耳静脉血，获得沉淀物，按常规涂片。血涂片干燥后滴三滴甲醇，等待5分钟以达到固定作用，然后2%姬姆萨氏染色，染色时间30分钟，用缓水流轻轻冲洗干净，再等其干燥，用油镜（100×10）进行观察。这是牛巴贝斯虫病检测常用的方法。实验室常用的技术手段主要有酶联免疫吸附试验、荧光抗体试验及补体结合试验等，这是血清学诊断方法，利用抗原抗体特异性结合的原理，具有更高的灵敏性和准确性。

六、治疗

牛巴贝斯虫病的治疗要从多方面考虑，杀死、清理牦牛体表的蜱虫，杀灭红细胞内的巴贝斯虫，针对患牛的症状对症治疗以及给患牛补充损失的营养、促进红细胞生长等各个方面，这是一个综合防治的过程，缺一不可。

首先是及时杀死、清理牦牛体表上的蜱虫，在清理过程中要特别注意牛颌下、腋下、腹股沟等容易隐藏、藏污纳垢的部位，这样做的目的是切断传播途径。具体做法是：可以定期用1%～2%敌百虫溶液或1：800倍稀释的除虫菊对牛进行药浴；可以用每千克体重0.25 mg的二氯苯醚菊酯或0.02%～0.05%蜱虱敌喷淋；定期使用伊维菌素类药也可很好地杀灭蜱虫。

牛红细胞内的巴贝斯虫可以用巴贝斯虫的特效药来杀灭。比如注射三氮脒水溶液，按1～2 mg/kg体重的用量肌注或皮下注射咪唑苯脲，0.5%～1%黄色素、青蒿琥酯等都有不错的疗效。

针对牛的实际病情要对症治疗，青霉素可以防治继发感染，使用安乃近作为退烧药，安钠钾注射可以起到强心作用，糖盐水可补液和补充能量等。患牛要补充损失的营养，促进红细胞生长，因此要加强饲养管理、增加营养，在饲料中适量补充铁、铜、钴等元素，以促进红细胞生长和恢复。可以给牛注射右旋糖酐铁注射液、维生素 B_{12} 注射液或灌服补血中药。

七、防治措施

牛巴贝斯虫病具有区域性和季节性，其发生和流行都要满足必需条件：病原体、传播者（蜱）、易感动物，且与蜱的活动有关。因此，一方面牛舍周围及附近应该定期喷洒消毒剂和杀虫剂，对底凹处及蚊虫滋生地用生石灰处理；另一方面，定期杀灭牦牛体表的蜱虫和其他寄生虫，比如浸泡药浴，做好防止蜱虫感染的工作，消灭保虫宿主。对病牛的粪便、排泄物、病死尸体等严格处置，消灭病原体。除此之外，还要加强饲养管理，提高牦牛群的抵抗力，满足患畜对饮水和青绿饲料的采食，以抵抗寄生虫的侵害。

参考文献

[1] 王真，布马丽亚·阿不都热合曼，李永畅，等.新疆和静县和吐鲁番地区牛感染巴贝斯虫病的血清学调查[J].畜牧与兽医，2014，46（03）：97-98.

[2] 杨泓涛，邓位喜，唐文介.一例犬巴贝斯虫与冠状病毒混合感染的诊治[J].贵州畜牧兽医，2019，43（06）：34-36.

[3] 陶顺启，许瑞.牛羊巴贝斯虫和泰勒虫病的防治[J].畜禽业，2019，30（09）：100.

[4] 赵珂.牛巴贝斯虫病诊治[J].中国畜禽种业，2019，15（03）：144.

[5] 陈旭.牛巴贝斯虫病的诊治[J].今日畜牧兽医，2018，34（11）：78.

[6] 王文国.牛巴贝斯虫病的诊断与防治措施[J].饲料博览，2018，（12）：80.

[7] 单长生.牛巴贝斯虫病诊治[J].中国畜禽种业，2017，13（12）：112-113.

[8] 高永利，郑龙.我国巴贝斯虫病流行病学研究现状[J].西北国防医学杂志，2018，39（06）：365-369.

[9] 刘永梅.牛巴贝斯虫病的防治[J].畜牧兽医科学（电子版），2017，（06）：62.

[10] 冯元富.牛巴贝斯虫病的诊治[J].山东畜牧兽医，2016，37（07）：36-37.

第十一节　牦牛泰勒虫病

牛泰勒虫病是一种由牛泰勒虫寄生在牛的红细胞和网状内皮细胞引起的原虫病，最早出现在日本、韩国，后来中国也发现了此病。该病在夏季和秋季多发，需要经蜱虫叮咬传播，具有呈地方性流行的特点。牛泰勒虫病病发多半是急性过程，具有高发病率、高死亡率，因此会对牦牛养殖业造成一定的威胁和经济损失。

一、病原

牛泰勒虫是牛泰勒虫病的病原体，属于梨形虫亚纲梨形虫目泰勒科泰勒属，主要侵袭牦牛的淋巴细胞和红细胞。据报道，在中国感染牛的有三种泰勒虫，它们分别是环形泰勒虫、瑟氏泰勒虫和中华泰勒虫。其中环形泰勒虫致病性最强、死亡率最高，瑟氏泰勒虫是分布最广泛的。泰勒虫姬姆萨染色后，分为红色和淡蓝色两部分，红色是染色质，淡蓝色是原生质。幼虫或若虫阶段的蜱虫吸食的血液中如果带有泰勒虫，泰勒虫就会在蜱虫体内生长、发育和繁殖。随着生长、发育，蜱虫会进入下一发育阶段，此时蜱虫吸血，体内的泰勒虫随唾液进入牛身体内，传播该病，使牛患病。

环形泰勒虫，传播者有残缘璃眼蜱、小亚璃眼蜱和盾糙璃眼蜱，寄生在红细胞内，长 $0.7 \sim 2.1~\mu m$，虫体外观为椭圆形、环形、逗点形或杆形，其中圆形虫体数量多于杆形虫体。一个红细胞内可以寄生 $1 \sim 12$ 个环形泰勒虫虫体，常见为 $1 \sim 3$ 个虫体。环形泰勒虫也可寄生在网状内皮细胞，其进行裂体增殖形成多核虫体，位于淋巴细胞、单核细胞胞浆内或细胞外，呈圆形、椭圆形或肾形，称之为裂殖体或石榴体。

瑟氏泰勒虫，传播者是长角血蜱，寄生在红细胞内，虫体外观为椭圆形、环形、逗点形或杆形，其中杆形虫体数量多于圆形虫体，这也是瑟氏泰勒虫与环形泰勒虫的区别特征之一。瑟氏泰勒虫根据MPSP的等位基因特异性引物扩增有4个亚型：I（Ikeda）、C（Chi-tose）、B（Buffeli）、Thai，运用MPSP基因有利于牛泰勒虫分子分类鉴定的研究。

二、流行病学

泰勒虫病是靠蜱虫传播的，幼虫或若虫阶段的蜱虫吸食带泰勒虫的血液，此时蜱虫不具有传染性，变态发育后的蜱虫达到感染阶段，把病原体传播给牛。传染过程中，泰勒虫病不能以卵的形式传递给下一代，而是以虫体的形式。

泰勒虫病的传播者是蜱虫，因此泰勒虫病的发病期与蜱虫的季节消长和活动有密切关系。蜱虫每年5月初开始出现，7月最多，8月显著减少，至9月完全消失。据此，可以知道该病发生于4月，巅峰期在7月，8月逐渐平息，在外界各种因素的影响下，发病期可能提前或延后。泰勒虫病具有地方性流行的特点，在流行地区，1~3岁的牛发病为多，特别是2岁以内的小牛。

三、临床症状

病牛和带虫牛具有传染性，是泰勒虫病的传染源。当牛感染患病后，会出现一系列症状。首先患牛会发热，体温升高到40~42℃，并且会持续几天。在这个过程中，患牛的食欲会消退，减少进食甚至绝食；精神沉郁，行走无力，不爱活动，喜爱卧地，肌肉震颤，步态蹒跚，呼吸迫促和心跳加快；肩前、腹股沟淋巴结等体表淋巴结肿大；尿液淡黄色或深黄色，排出稀软带血丝的粪便等。对发病后期的牦牛进行血液检查，发现泰勒虫大量侵入红细胞，导致患牛的血液稀薄，不易凝集，红细胞总数下降，形态大小不一，出现畸形红细胞，血红蛋白含量降低。最终，患牛卧地不起，日益消瘦，逐步衰竭死亡。

四、病理变化

对病死的牦牛进行解剖，可以观察到牛的身体状况比较糟糕，常常体瘦如柴，被毛凌乱、失去光泽，体表寄生有大量的蜱虫。体表淋巴结肿大、出血，特别是肩前和鼠蹊淋巴结。腹部肿大，打开腹腔，腹腔内有较多的黄色腹水；肝脏肿大，呈土黄色，有出血点，质地变脆，有弯曲条状或蝌蚪等形状的灰白色结节；肾肿大，有出血点，质地较软，肾的表面和切面有灰白色或鲜红色结节，大小为针尖大至粟粒大；胆囊肿大，含有大量胆汁，胆汁浓稠，肺脏充血、水肿，有瘀血病变；脾脏肿大，被膜存在出血点，脾脏实质变得松软，如同紫黑色的泥浆状。心脏呈脂肪胶样变性，心包积水，心外膜有出血斑点，心肌松弛柔软。食道和皱胃黏膜、瘤胃浆膜、肠道表面有出血点或有针头至黄豆大的黄白色或暗红色的结节。肠系膜有不同大小的出血点及胶样浸润，重症者小肠、大肠有大小不等的溃疡斑。

五、诊断

由于牛泰勒虫病具有特殊的临床症状和剖检变化，可以据此做出初步诊断。牛泰勒虫病在发病初期，往往持续高烧，温度在40～42℃；到中后期，患牛就会日益消瘦，出现贫血、黄疸、血便之症，随后患牛会有血红蛋白尿；牛泰勒虫病还有一个比较显著的特征是，患牛体表淋巴结肿大、出血，肩前淋巴结、膝前淋巴结肿大等。这些症状均可大致判断牦牛是否患牛泰勒虫病，但是要确诊，还是需要采用一些实验室方法。

1.细菌分离、培养与鉴定

首先需要配制培养基，配置普通肉汤与琼脂比例（mL：g）为50：1、pH值7.4的培养基。在制作培养基的过程中，要用纱布（夹有薄层脱脂棉）过滤和进行高压蒸汽灭菌。然后加热，融化培养基，再冷却至大约50℃。此时将培养基和健康绵羊、家兔的脱纤无菌血液按100：（5～6）的比例混合均匀，倒入无菌培养皿中。培养基冷却凝固后，置于37℃的恒温培养箱，培养24小时，经过无菌检验合格后保存备用。

在无菌条件下采取病牛血液，以划线方式接种于血平板，进行培养。观察结果，培养基上没有长出任何细菌，表明病牛并未感染细菌性疾病。

2.血液涂片检查

在无菌条件下采取病牛耳静脉血（或抗凝血），滴于干净的载玻片上，盖玻片缓慢推片，涂片干燥后滴加2～3滴甲醇固定，等待5分钟，姬姆萨氏染色约30分钟，用蒸馏水缓慢冲洗干净，待其自然干燥后镜检。显微镜下观察可见，红细胞内存在大量的椭圆形、环形、逗点形或杆形、环形的紫红色虫体，虫体小于红细胞半径。

淋巴结穿刺检查石榴体也是检测方法之一。无菌条件下，穿刺病牛体表淋巴处，取其内容物制成涂片，用姬姆萨氏染色后镜检，能够观察到淋巴细胞内存在呈椭圆形、圆形的石榴体。

3. PCR检测

用全血DNA提取试剂盒提取病牛血液的DNA，以提取的DNA为模板，用18S rRNA基因的引物序列扩增目的基因，获得PCR产物，然后进行1.5%琼脂糖凝胶电泳检测。通过琼脂糖凝胶DNA回收试剂盒切胶回收PCR产物中的目的片段，在4℃条件下，目的片段与载体 pMD19-T 过夜连接；次日将产物转化于大肠杆菌 DH5α 感受态细胞中，用氨苄青霉素平板进行筛选，然后做菌液 PCR 反应进一步筛选验证。

六、防治措施

（1）泰勒虫病是靠蜱虫传播的，蜱虫活动有季节性，蜱大量滋生时期，牛群应该舍饲喂养。舍饲喂养前，要彻底消毒牛舍、灭杀蜱虫，才能进舍喂养。10～11 月份用 0.2%～0.5% 敌百虫水溶液消毒牛舍，消灭越冬的幼蜱。第二年 2～3 月份用敌百虫溶液每隔 15 天左右消灭 1 次寄生于牛体上的蜱虫，

（2）泰勒虫病有相应的疫苗，在泰勒虫病流行区域，牛群接种牛泰勒虫病裂殖体胶冻细胞苗，接种后，20 天后牛产生免疫力，免疫期长达 82 天以上。该疫苗对瑟氏泰勒虫病无保护作用，可以用贝尼尔药物预防，按 3 mg/kg 体重的比例，配成 7% 的溶液深部肌肉注射，20 天 1 次，可有效预防瑟氏泰勒虫病。

（3）在治疗牛泰勒虫病时，既要注重杀虫，又要配合输血和对症治疗，才能有效降低死亡率。

（4）发现病牛，将其隔离饲养，并对症用药治疗，前几日治疗主要以杀虫、补液、消炎为主，辅以对症治疗，后期以消炎、补液、健胃为主。

总之，预防牛泰勒虫病，要搞好环境卫生，定期消毒环境，做好杀灭蜱虫的工作。

参考文献

[1] 李才善，道敏，赛迪拉木，等.新疆塔什库尔干县牦牛环形泰勒虫病 PCR 诊断初报[J].亚洲兽医病例研究，2019，8（02）：17-21.

[2] 陶顺启，许瑞.牛羊巴贝斯虫和泰勒虫病的防治[J].畜禽业，2019，30（09）：100.

[3] 赵妍.肉牛泰勒虫病的临床症状、剖检变化和防治措施[J].现代畜牧科技，2019，（12）：84-85.

[4] 崔忠久.牛泰勒虫病[J].百科论坛电子杂志，2018，（19）：665.

[5] 苏桂甲.奶牛泰勒氏焦虫病的防治[J].畜牧兽医科技信息，2019，（03）：72-73.

[6] 孔文杰.一例牛环形泰勒焦虫病的诊断及防治[J].兽医导刊，2018，（20）：151.

[7] 于淼，王洪利，马爱霞，等.潍坊市牛泰勒虫病感染情况调查[J].畜牧与兽医，2018，50（3）：100-102.

[8] 刘军龙，关贵全，刘群，等.牛羊泰勒虫病的流行、危害、防控技术及致病机制研究进展[J].中国动物保健，2019，21（06）：55-57.

[9] 黄坤.肉牛环形泰勒虫病的检疫及防治措施[J].现代畜牧科技，2018，（06）：140.

第十二节　牦牛皮蝇蛆病

牦牛皮蝇蛆病是由牛皮蝇、纹皮蝇和中华皮蝇三种皮蝇的幼虫寄生在牦牛背部皮下组织而引起的一种蝇蛆病，这种病会导致人畜共患，严重危害牦牛的生长发育。成蝇会在温暖的季节进行交配，在牦牛身上产卵，一周左右孵出幼虫，幼虫通过毛孔钻进牛皮内，在牛皮内2~5个月后，幼虫会转移到牦牛背部皮下寄生，寄生后会使得牦牛的皮肤表面形成一些可以通过手直接触摸到的瘤状隆起，也可称作疱。2个月后，发育了的幼虫会通过皮孔钻出牦牛体内，落在地上变成蛹，1~2个月后，蛹羽化成为成蝇。被寄生的牦牛，生长和发育都会受到很大的影响，继而导致与牦牛相关的产品质量降低，严重感染的牦牛甚至会出现死亡。本病在牦牛产区的流行，会使得当地牧民的经济效益降低。

一、病原

牦牛皮蝇蛆病的病原虫种有中华皮蝇、纹皮蝇、牛皮蝇等，它们都属于节肢动物门昆虫纲双翅目皮蝇科、皮蝇属。牛皮蝇和纹皮蝇的生命周期基本相同，属于完全变态。它们都经历四个阶段：卵、幼虫、蛹和成虫，整个发育过程需要一年。成虫在野外自由生活，不吃、不咬动物，一般来说，它在夏天出现，在雨天隐藏，在晴朗无风的日子里，雄蝇在飞行和交配后死亡，雌蝇侵入牛体内产卵，雌蝇产卵后死亡。成虫只能存活5~6天。大多数卵产在四肢、腹部、胸部和身体侧面的上半部分，一根毛发上可以有20多个皮蝇产下的卵。在自然环境下，从5月中旬至8月中旬，成蝇会侵袭牦牛。其中，纹皮蝇的成蝇会在5月中旬出现，而牛皮蝇和中华皮蝇则在6月中旬出现。活动频繁和产卵最繁盛的时期是6月到7月，到8月份则开始慢慢下降直到停止。

二、流行病学

根据牛背触的临床检查分析，皮肤蝇蛆病未经治疗的感染率为0~100%，平均感染强度为2~20，尸检感染率为7%~100%。药物控制后，感染的概率和强度明显降低。从年龄分析，1~3岁牛犊感染率高，感染强度高，尤其是1岁的牦牛和牛犊。4岁以上牛的感染率相对较低。随着牛龄的增加，感染率呈下降趋势。感染最严重的是1~3岁的牦牛，但性别差异不显著。不同季节和气候条件下，皮蝇成虫的发生时间略有不同。成虫通常在晴朗无风的天气里攻击牛并在其毛发上产卵。牦牛皮蝇蛆病在牦牛养殖区广泛存在。一般牧区感染率和感染强度高于半农半牧区，半农半牧区高于农业区，高海拔地区高于低海拔地区。

三、临床症状

虽然成虫不咬牛，但雌蝇在飞行时产卵，会引起牛的恐惧和不安，影响牛的进食和休息。经过很长一段时间后，它们的体重减轻了，特别是突然冲向牛时，牛因害怕而奔跑，导致受伤或流产。当幼虫进入牛的皮肤时，会引起皮肤瘙痒。当幼虫移至背部皮下时，寄生部分形成皮肤隆起和皮下蜂窝织炎，皮肤穿孔，洞周围有分泌物。这些牛瘦弱，被毛粗乱。幼虫在体内的迁移，还会引起组织在移行部分的损伤，在食管壁可引起食管炎。特别是第三期幼虫背部皮下时，可引起局部结缔组织增生和皮下蜂窝织炎，皮肤略隆起、粗糙。有时细菌继发性感染可化脓形成瘘管和流出脓。幼虫钻出后，皮肤毛孔愈合形成疤痕，影响皮革的价值。在幼虫寄生期，大部分牛无全身症状，但当感染严重时，牛犊生长发育不良，母牛产奶量减少，育成牛增重缓慢，肉质下降。屠宰后，皮革的利用率降低。幼虫破裂时可出现过敏、出汗、乳腺和阴囊水肿、哮喘、腹泻、口吐白沫等症状，严重的则会死亡。一些幼虫错误地生活在大脑中，这可能会导致神经症状，甚至死亡。

四、病理变化

隐孢子虫的宿主目前有哺乳动物、爬行动物、鸟类、鱼类和人类等，范围广泛。已有研究证明，牦牛是隐孢子虫的天然宿主。当隐孢子虫为起始性的条件致病因子时，它通常与其他病原同时存在。隐孢子虫主要寄生在小肠上皮细胞的纳虫空泡内，它有时也可以寄生在胆管、呼吸道、肺脏、胆囊和胰腺等器官。隐孢子虫的寄生，会导致小肠上皮黏膜细胞加速老化和脱落，引起小肠黏膜严重受损，降低胃肠道吸收功能，导致患病者严重持续性腹泻。病理剖检的主要特征为，空肠绒毛层萎缩和损伤，肠黏膜固有层中的淋巴细胞、浆细胞、嗜酸粒细胞和巨噬细胞增加，肠黏膜酶活性降低，显示出典型的肠炎病变并且病变，部位会发现大量不同发育阶段的隐孢子虫虫体。一般情况下，反刍动物的病程为1周~2周，羊病死率可达40%，牛的病死率可达16%~40%，尤以4~30日龄的牛犊和3~14日龄的羔羊死亡率高。

五、诊断

当幼虫出现在背部皮肤下时，很容易诊断。剥皮后发现部分牛有明显的病变，背部可见肿瘤样突起。在春天，牛背上有单个肿瘤，然后，肿瘤膨胀，凸起的皮肤上有小洞，这些小洞与外部相连，洞内有结缔组织囊，囊内有幼虫。用力挤压出现幼虫可以确诊。此外，流行病学资料具有重要的参考价值。幼虫也可在其他有关地方找到，夏秋两季，外衣上有虫卵，而牛皮蝇的虫卵则单独附着在外衣上。纹皮蝇卵成行附着，可作为诊断的参考。

六、防治措施

1.防控

（1）发现发病牦牛应立刻进行隔离，然后给予及时的治疗，避免传染给其他健康的牦牛。病死的牦牛不能食用，也不能贩卖，应该立即焚烧处理或者深度埋藏的无害化处理，避免病原体的传播和扩散。如果有疑似患病的牦牛也应该立即隔离，对其进行相应的治疗。

（2）每周对牦牛喷洒药物来杀死雌蝇和刚孵化出来的幼虫。定期清理牦牛圈舍，对墙面、缝隙都要喷洒药物来达到消灭皮蝇的作用。除此之外，还要破坏适合皮蝇生长发育的环境条件，通过改善土壤、深翻土地、种植草地等措施，消灭牦牛圈舍以外环境中的皮蝇，杀死产卵的雌蝇或由卵孵出的幼虫。

（3）对于新购入的牦牛，要进行检疫，避免购入到病牛。尤其是从其他区域引入种牛时，要求至少隔离饲养种牛30天左右，不能与其他健康牛一起放牧，并且要对其生活区域进行消毒。加强牦牛皮蝇蛆病流行病学的调查与监测，加强此病的预防措施在广大养殖户生活中的宣传教育力度，提高广大养殖户的防范疾病意识，避免人畜共患意外事故的发生。

2.治疗

（1）药物治疗：①在皮蝇流行时期，每隔7～10天对牦牛喷洒2%敌百虫、3%蝇毒磷，可以杀死雌蝇和卵孵化出的幼虫。②11月份左右对牦牛的臀部肌肉注射倍硫磷（按4～7 mg/kg体重的剂量进行注射），可以杀死皮蝇的第一期和第二期幼虫。③在3月中旬期间，在患处皮下或者肌肉注射用乐果配制而成的50%酒精溶液。不同年龄段的牦牛注射的剂量不一样，其中，成年牦牛注射2～4 mL，育成牦牛注射2～3 mL，牛犊注射1～2 mL，可以杀死第二期和第三期幼虫。④按0.2 mg/kg体重的剂量对牦牛皮下注射伊维菌素，每周注射一次，会有良好的效果。长期坚持下去，能减少当年成蝇的数量，逐渐根除此病。

（2）手工灭虫，此方法可用于牛数量不多时。在蝇幼虫成熟的末期，牦牛皮肤上面的皮孔会增大，此时可以看到幼虫的尾端，用手指压迫皮孔周围，可将幼虫挤出杀死。每隔10天左右重复此操作，在操作时，要注意不要把幼虫挤破，以免引起过敏反应。

参考文献

[1] 王丽娟.高寒牧区牦牛皮蝇蛆病的诊断及治疗措施[J].畜牧兽医杂志，2014，33（06）：132.

[2] 蔡进忠.牦牛皮蝇蛆病的流行病学与危害调查[J].青海畜牧兽医杂志，2007，（02）：32-34.

[3] 周毛措.牦牛皮蝇蛆病的流行病学与危害调查[J].中国畜牧兽医文摘，2017，33（12）：107.

[4] 蔡进忠，李春花，衣翠玲.牦牛皮蝇蛆病病原分类学与生态学研究进展[J].青海畜牧兽医杂志，2009，39（06）：36-39.

[5] 蔡进忠.牦牛皮蝇蛆病的防治与流行因素及其防控对策[J].青海畜牧兽医杂志，2012，42（04）：45-47.

[6] 罗光荣，杨平贵.生态牦牛养殖实用技术[M].成都：天地出版社，2008.

[7] 薛增迪，任建存.牛羊生产与疾病防治[M].咸阳：西北农林科技大学出版社，2005.

第十三节　牦牛蜱病

牦牛蜱病是指寄生在牦牛体表的牛蜱所引起的疾病。在牦牛养殖过程中，牦牛蜱病是常见的一种牦牛寄生虫病。此病发病范围广泛，感染率较高，不同年龄和不同品种的牦牛均容易被感染。牦牛蜱病会对牦牛造成不同程度的危害，直接危害是牛蜱侵袭牦牛并且附着在牦牛体表吸血，造成牦牛皮肤损伤，引起牦牛皮肤发生炎症和溃疡，甚至会继续发炎感染，最终导致牦牛久病不愈。间接危害是感染以蜱为传播媒介的疾病，如可通过蜱传播的森林脑炎、莱姆病、炭疽病、布鲁氏杆菌病、焦虫病等人畜共患病，给牦牛养殖户造成较大的经济损失。

一、病原

蜱是一种常寄生在动物体表的呈黄褐色或黑褐色的寄生虫，属于寄螨目蜱总科。蜱一般分为硬蜱和软蜱两种类型，其区别在于成虫躯体背面有无盾板，硬蜱有壳质化较强的盾板，软蜱则无盾板。硬蜱背腹扁平，呈圆形或卵圆形；头、胸、腹三个部位完全愈合在一起，从结构上可分为两个部分，即假头和躯体。蜱在未吸血前体长为 2.7 ~ 3.3 mm，如干瘪绿豆般大小，吸血后会变长，为 3 ~

25 mm，似黄豆大小，大的可达指甲盖大。蜱属于完全变态类型，在发育过程中，有卵、幼虫、若虫和成虫4个阶段，整个发育过程包括2次蜕皮，3个活跃期。蜱在动物体上进行交配，交配后雌蜱从动物身体脱落，然后落在地上，再爬行到草根、树根、圈舍的表层缝隙中产卵。卵期经过20～40天发育孵出幼虫，幼虫寻找到宿主吸血后，又经过12～16天蜕皮变成为若虫，若虫再次寻找新的宿主吸血经过16～52天后蜕皮变为成虫。蜱的整个发育过程所需时间因种类、环境而不同，一般需要4～12个月。

二、流行病学

蜱类疾病的发生具有明显的季节性和区域性，对环境的周期性变化具有很强的适应性。通常，这种活动发生在一年中温暖的季节，特别是在相对集中的时期，从惊蛰开始到秋分。北部地区主要受多种蜱的影响，主要是血红扇头蜱，其中血红扇头蜱是三宿主蜱，生命周期约为50天，每年三代。尤其是在暖冬过后，当春季气温迅速上升时，更容易提前爆发。硬蜱活动的高峰期为3～7月，主要生活在草场、树根和畜舍的缝隙中。成虫从3月起爬到寄主牦牛的体表，以血液为食。旺季在4月左右，从5月开始逐渐减少。

三、临床症状

牦牛体表有大量的硬蜱附着，以动物血液为食。牦牛被蜱叮咬后，表现出烦躁不安的状态，经常用摩擦、抓挠和舔舐来驱除蜱，这通常会引起继发性症状，如动物体表局部出血、炎症和角蛋白增生。被蜱虫侵害的动物还经常出现贫血、消瘦、发育不全、被毛粗糙杂乱、产奶量下降、厌食、消瘦、死亡等，受害动物多为牛犊。蜱虫侵入牦牛身体后，吸血时口器刺入皮肤，可引起局部损伤，组织水肿、出血，皮肤肥厚。有些还会由于继发性细菌感染而引起化脓、肿胀和蜂窝织炎。当牛被大量蜱虫攻击时，由于过量吸血和蜱虫唾液中的毒素进入体内，会破坏造血器官，溶解红细胞，形成恶性贫血，导致血液有形成分急剧下降。此外，由于蜱虫唾液的毒性作用，有时会出现神经症状和麻痹，导致"蜱虫麻痹"或死亡。牦牛被蜱虫感染，会对皮肤造成明显的伤害，大部分皮肤肥厚。病情加重时，牦牛体重逐渐减轻，生产能力和运动能力减弱。临床表现中也存在神经系统问题，出现不同程度的麻痹症状，长期患病虚弱会导致病牦牛死亡。

四、病理变化

观察病理变化，死牛体重减轻，贫血，皮下水肿，肌肉苍白，肝、肺、肠道等器官未见寄生虫。蜱虫入侵牦牛身体后，吸血时口器刺入皮肤，可引起局部损伤，其组织开始出现出血、水肿等病理变化，导致皮肤溃疡、皮炎等。

五、鉴别诊断

可以根据牦牛蜱病的流行病学、临床症状、剖检变化和牦牛、圈舍及放牧区域采集到的大量蜱来诊断，根据临床表现，初步诊断为牦牛蜱病。诊断时常在牦牛后躯、大腿内侧、会阴、腹部侧面、腹部下端、尾根部位发现蜱的若虫和成虫。未吸血时像个大臭虫，吸血后像个蓖麻籽。

六、防治措施

1.防控

加强牦牛饲养管理，及时补充草料，对弱牛、牛犊做到防寒保暖，来增强牦牛的抗病力，做到勤观察、早诊断和及时治疗。根据蜱病的流行特点和蜱的生物学特性，结合实际工作中的经验体会，采用如下方法能够切断传播途径，消除滋生条件，从而获得很好的预防效果。

（1）发现发病牦牛应立刻进行隔离，然后给予及时的治疗，避免传染给其他健康的牦牛。病死牦牛不能食用，也不能进行贩卖，应该立即进行焚烧处理或者进行深度埋藏的无害化处理，避免病原体的传播和扩散。如果有疑似患病的牦牛也应该立即隔离，对其进行相应的治疗。对于治疗过的病牛，两周以内应随时观察，如果病牛未痊愈，应继续治疗。

（2）在牦牛蜱病多发地区，可在每年春天气温明显回升之前，及时换掉和焚烧冬季用的卧草。用酒精喷灯或者汽油高温烧圈舍的墙壁、地面以及圈舍附近（特别是 1～1.5 m 以下的墙缝和潮湿区域）以防止蜱病的爆发。

（3）每一个月或半个月在天气晴朗时，用除癞灵溶液（浓度为 0.1%）对牦牛身体进行喷淋（重点部位为颜面、颈部、四肢、脊柱等处）；为提高喷淋效果，可在喷淋之后，让牦牛进行中等强度的运动，从而使其体温升高，易于发挥药效，次日及时梳刷。在换毛之际，及时在特定的地点进行被毛梳刷并对换下的被毛进行定点焚烧。为加强防疫的效果，可在每年的秋季，尤其是在野草枯萎之后，对圈舍进行消毒措施。同时，对长有杂草的活动场所进行烧荒处理。

（4）对于新购入的牦牛，要进行检疫，避免购入到病牛。尤其是从其他区域引入种牛时，要求至少隔离饲养 30 天左右，不能与其他健康牛一起放牧，并且要对其生活区域进行消毒。加强牦牛蜱病流行病学的调查与监测，加强此病的预防措施在广大养殖户生活中的宣传教育力度，提高广大养殖户的防范疾病意识。

2.治疗

（1）药物治疗：①向牦牛喷洒 2% 敌百虫溶液、0.2% 马拉硫磷溶液、0.2%害虫敌溶液、2%倍硫磷、0.03%巴胺磷、0.04%胺丙畏、0.05%螨净等（500 mL/头），每2～3周喷洒一次。②向牦牛皮下注射依维菌素（0.2 mg/kg体重）、害获灭（0.2 mg/kg体重）、碘硝酚注射液（10 mg/kg体重），每隔2周注射一次。③目前已开发出一些低毒、低残留、无公害的环保型植物性杀蜱药物，如鱼藤酮、烟碱、百部碱、避蚊胺、苏云金杆菌等。有实验证明，用5 mL/mg体重的0.5%百部碱醇溶液在畜舍内以气雾熏蒸，对蜱有较好的驱杀效果。

另外植物菖蒲对蜱也有较好的驱杀效果，方法是：取鲜菖蒲全草，切成2～3 cm，放在砂锅或铝锅中煎煮20分钟，取汁，再加水煎煮20分钟，取汁，2次药汁混合，熬成100%的浓汁备用。当动物体表有蜱寄生时，用本药汁遍身涂擦，稍干，再涂擦1次，涂擦15分钟左右后，牛蜱自行脱落。

（2）人工灭蜱，此方法可用于病牛的数量不多时。用镊子夹着硬蜱的躯体或假头，轻轻地摇动，并使蜱的假头与皮肤呈垂直方向顺势拔下并及时杀死。为了防止假头拔断残留在动物体内，采集前可用煤油、氯仿、乙醚等药物涂在动物被叮咬的部位，待其麻醉后再慢慢拔出，然后将蜱集中起来用火烧。

参考文献

[1] 吉克子布.蜱虫病的防制措施[J].今日畜牧兽医，2017，（03）：61.

[2] 雷德林，王修康，斯高让，等.牦牛蜱病的诊断与防治[J].草业与畜牧，2013，（05）：38-39.

[3] 刘成功.犬蜱病的防治[J].中国工作犬业，2010，（04）：14-15.

[4] 于月勤.浅谈硬蜱病的防治[J].畜牧兽医科技信息，2016，（05）：17.

[5] 黄斌，黄新华.信阳微小牛蜱流行病学及其防治[J].山东畜牧兽医，2011，32（01）：27-28.

[6] 安红英.牛虱、蜱病流行与诊治方案[J].现代畜牧科技，2017，（08）：87.

第十四节　牦牛螨病

牦牛螨病是由疥螨寄生在牦牛体表引起的一种常见的寄生虫病，是一种慢性传染性皮肤病，又被称为牦牛疥虫病。感染此病的牦牛会出现强烈的瘙痒症状，继而引起皮肤发炎、脱毛，病牛会焦躁不安，影响食欲，导致牦牛的代谢能力下降，体内机能出现紊乱，影响牦牛的生长发育，严重时还会出现牛死亡的情况，造成养殖户的经济效益下降。此病一年四季都可发生，春天和冬天最为流行，此病通过直接接触和间接接触进行传播，患病的牦牛与健康的牦牛一旦接触，病牛上的螨则会爬到健康的牦牛身上，也可以媒介物传播，如地面、墙面、被疥螨污染的垫料、饲料、饮用水。疥螨的繁殖力强，传播快，因此经常引起大量牦牛患病甚至死亡，对养殖户造成很大的经济损失。

一、病原

疥螨是蛛形纲疥螨科疥螨属的节肢动物，变态类型是不完全变态，发育过程有卵、幼虫、若虫和成虫等4个阶段。从卵经过幼虫、若虫最后发育成成虫并开始产卵，称作疥螨的一个生活周期。雌雄疥螨的生活周期不同，雌疥螨的生活周期为14～22天，雄疥螨的生活周期为8～14天。疥螨成虫体型似圆形或椭圆形，背面凸起，呈乳白色或浅黄色。其颚体较小，位于前端，为咀嚼式口器。躯体的背面上有波状横纹和鳞片状皮棘，腹面光滑无棘，只有4对足和较少的刚毛。肢短而粗，第三对肢和第四对肢不突出躯体边缘，肢分成5节，呈圆锥形。位于前端的两对足后两与后两对足之间隔的较远，雌雄疥螨的后2对足的末端不同，雌疥螨的第3对和第4对肢末端都有刚毛，但雄疥螨的第4对足末端有吸垫，第3对肢有刚毛。疥螨主要寄生在牦牛皮薄且软的部位，以表皮细胞液和淋巴液作为营养物质，一生都在牛皮肤内度过。

二、流行病学

牦牛螨病的流行具有两个特点，即一定的季节性和个体选择性，在秋季末期开始流行，进入冬天后，流行达到高峰。而在来年春季结束时，由于阳光充沛、畜会换毛、皮肤表面温度上升等条件不利于螨的生长发育和繁殖，有些症状轻微的病牛可以自愈。本病在海拔相对较低、温度较高和空气干燥等生活环境的地区发病率要比海拔高、温度低和空气湿润的地区相对低一点。

牦牛螨病通过直接或间接接触传播，可以通过患病牦牛与健康牦牛直接接触传播，还可以通过被疥螨污染的圈舍、垫料、饲料、饮用水和活动场所等间接接触传播。除此之外，还可以通过饲养人员的衣物、手和诊断治疗器械传播。

在外界环境不适合生存时，疥螨具有一定的抵抗力。疥螨在温度为18～20℃和空气湿度为65%的环境时，2～3天会死亡；而在温度为7～8℃时，要经过15～18天才会死亡。疥螨产生的卵在离开宿主10～30天后仍然具有发育能力。除此之外，疥螨的繁殖力也很强，虽然雌疥螨数量少于雄疥螨，但是雌疥螨的发育速度很快，在适合生长发育的条件下，每2～3周就可以完成一个世代。

三、临床症状

牛疫初期症状不明显，但随着病程的延长病情会加重。疥螨通常来源于牦牛的耳壳、面部、尾根、阴囊、角根和四肢内侧。小丘疹或丘疹首先出现在虫体寄生部位，然后由小丘疹或丘疹发展为囊泡或脓疱。病牛感染部位脱皮、脱毛，形成大小不等的灰白色秃斑。由于皮肤发炎、严重发痒、脱毛等原因，病牛临床上烦躁不安，在周围的铁栏杆上舔或摩擦病牛部位。身体不同部位出现结节、水疱、脱毛和结痂。在严重的病例中，会出现皮肤损伤、流出渗出液和血液。在晚上和下雪天，痒的感觉更加剧烈。临床检查发现，受感染的牛消瘦，头颈部有不规则的秃斑，表面呈灰白色，经常摩擦部位，受感染部位皮肤起皱，皮肤损伤，渗出黄色渗出物，形成痂，与健康部位分界。病牛的皮肤变厚，甚至变皱或开裂。最后病牛患有厌食症、营养不良、消瘦、贫血、行动困难，甚至死亡。

四、病理变化

该病原体分泌毒素，刺激神经末梢，引起动物严重瘙痒，并贯穿于螨病的全过程。当生病的动物进入温暖的地方或运动后皮肤温度升高时，瘙痒感会变得更加严重。严重的瘙痒会导致生病的动物用力摩擦和搔痒，或者用嘴咬受感染的部位。其结果是不仅局部损伤、炎症、水疱或结节形成，并伴有局部皮肤增厚和脱毛，而且大量病原体扩散到周围环境。局部发炎、溃疡、感染、化脓、结痂。痂皮刮伤后，创面有大量渗出液和毛细血管出血，再次形成痂。该病起病部位多为局部，常累及全身，使病畜整天啃咬发痒，严重影响摄食和休息，引起胃肠消化吸收功能障碍导致患病的动物变得越来越瘦，有时会出现继发性感染，严重时可能会导致死亡。

五、诊断

该病可根据临床症状和流行病学特征进行初步诊断，并可通过镜检进一步诊断。诊断方法是从病牛患部与健康部交界处刮去皮屑，直至皮肤微出血，然后将刮下来的皮屑放在一张纸上，如果在强烈的阳光下可以看到皮屑在虫体的驱动下移动，就可以做出初步诊断。或在玻片上放置少量皮屑，加入 1~2 滴清水或甘油，盖住玻片，轻轻按压使病变物质扩散，将病变物质置于低倍显微镜下观察。如果虫体移动，就可以诊断为牦牛螨病。在诊断过程中，应避免病原体的人为传播。

六、防治措施

1.防控

（1）发现发病牦牛应立刻隔离，然后给予及时的治疗，避免传染给其他健康的牦牛。病死牦牛不能食用，也不能进行贩卖。对于从感染牦牛体剪下的毛、清除的痂皮以及病牛的尸体应该立即进行焚烧处理或者进行深度埋藏的无害化处理，避免病原体的传播和扩散。如果有疑似患病的牦牛应该立即隔离，对其进行相应的治疗。对于治疗过的病牛，两周以内应随时观察，如果病牛未痊愈，应继续治疗。

（2）由于牦牛螨病的传播可以通过媒介物，如圈舍、所需用具和饲养人员的衣物。因此要加强对牦牛生活的圈舍环境卫生的管理，定期（每隔一周左右）对圈舍及其周围和用具进行彻底的消毒，圈舍要保持通风干燥、阳光直射、宽敞明亮。饲养人员的衣物可以定期用3%苏打水或者开水浸泡清洗。在进入夏季后，在给牦牛剪毛时，可以用敌百虫溶液或者浓度为200～250 mg/L的螨净或疥螨灵对牦牛实施喷洒。

（3）对于新购入的牦牛，要进行检疫，避免购入到病牛。尤其是从其他区域引入种牛时，要求至少隔离30天左右，不能与其他健康牛一起放牧，并且要对其生活区域进行消毒。加强牦牛螨病流行病学的调查与监测，加强此病的预防措施在广大养殖户生活中的宣传教育力度，提高广大养殖户的防范疾病意识。

2.治疗

在治疗前，应先剪掉患病处的毛发，清洗感染处并去除痂皮和污物，等到患处干燥后再进行治疗。在天气寒冷或者少数牛发病时多采取局部用药的方法；在天气较为温暖或者多数牛发病时多采用敌百虫溶液或脱螨净溶液对发病牛进行喷洒治疗的方法。局部擦药、口服或者注射药物的治疗方法对任何时期的发病牦牛都适用。为了防止病牛传染给其他健康牛，应对病牛采用隔离治疗。一般口服或注射阿维菌素或依维菌素，患部涂擦螨净也有较好的效果。

（1）局部擦药：①烟叶梗煎水，加硫黄适量擦洗患部，再涂醋酸钠软膏或螨净。②用肥皂水清洗患部，烟丝、硫黄、花椒、狼毒根、苦楝皮等适量研末后调敷患部。③用食用白醋泡野棉花根、狼毒根、苦楝皮两周以上，用醋液清洗患部，再涂醋酸钠软膏或螨净。

（2）口服或注射阿维菌素或依维菌素，用注射器按说明剂量吸取伊维菌素注射液在病变皮肤与健康皮肤交界处进行封闭，间隔10天再次进行封闭。

参考文献

[1] 杨兴康，彭海云，马秀珍.牦牛螨病防治[J].四川畜牧兽医，2015，42（04）：56.

[2] 王永军.舍饲牦牛螨病的诊治及体会[J].养殖与饲料，2013，（04）：42-43.

[3] 杨兴康，彭海云，马秀珍.牦牛螨病的防治[J].草业与畜牧，2014，（05）：48-50.

[4] 谢成丽.伊维菌素治疗牦牛疥螨病的疗效试验[J].农业工程技术，2018，38（08）：19.

[5] 薛增迪，任建存.牛羊生产与疾病防治[M].咸阳：西北农林科技大学出版社，2005.

[6] 罗光荣，杨平贵.生态牦牛养殖实用技术[M].成都：天地出版社，2008.

第十五节　牦牛肺线虫病

牦牛肺线虫病由胎生网尾线虫寄生于牦牛的气管、支气管内而引起，故又称网尾线虫病。该病多发生于潮湿多雨的地区或高寒地区，易感染牛犊和瘦弱牛，多呈爆发性传播。牛肺线虫病对牛的呼吸系统有严重影响，特别是对于牛犊来说，一旦患病则死亡率非常高。因此，针对该病的发生需要提前采取有效的措施进行预防，降低疾病发生概率。

一、病原

本病的病原是寄生于牛体内的胎生网尾线虫，其虫体乳白色，呈细丝状，雄虫交合伞发达，交合刺也为多孔性构造；雌虫阴门位杀虫体中内部位，虫卵呈椭圆形，内含幼虫。寄生于牛体气管、支气管内的网尾线虫的雌虫产出含有幼虫的虫卵。

二、流行病学

网尾线虫幼虫耐低温，特别是丝状网尾线虫，通常在4~5℃时，幼虫可以发育，并且可以保持生命力达3月以上。被雪覆盖的粪便，即便在-40~-20℃气温下其中的感染性幼虫仍不会死亡。温暖季节对其生存极为不利，干燥和直射日光照射可迅速死亡。成虫在牛气管、支气管中产卵，虫卵随痰液吞入到口腔，被牛吞咽在消化道内孵出幼虫，并随粪便排到体外或地面，经过两次蜕皮后变成感染性幼虫。牦牛采食或饮水后被感染，幼虫经过肠壁进入淋巴管或血管，再移行至心、肺至气管和支气管，边移行边发育，侵入牛犊体内约1个月发育为成虫。

三、临床症状

患病初期，病牛主要症状为咳嗽、气喘或呼吸困难。随着感染程度的加重，牛犊出现强烈的咳嗽，鼻腔分泌物增多黏稠，呼吸次数逐渐增加。精神沉郁，食欲下降，胃肠功能减弱，牛犊逐渐消瘦。临床上易与呼吸道疾病相混淆。肺部听诊呼吸音粗厉，有湿啰音，体温升高，心率加快。随病程的发展，全身机能逐渐恶化，最后牛犊卧地不起，因呼吸衰竭而亡，临死前口鼻流出大量泡沫性分泌物。

四、病理变化

病死牛多见体瘦、毛焦，可视黏膜颜色发淡或苍白，皮下脂肪减少。其病变多见于肺脏，两侧膈叶边缘常膨胀而颜色苍白。纵向切开气管和支气管，见有黄白色的黏液性分泌物和分散或聚集的黄白色细长线虫。在个别部位的小支气管内，间或见有多条线虫和黏液混聚在一起，将管腔堵塞。肺脏表面凸凹不平，肺叶上有炎性病灶，其局部结缔组织往往增生。有的病变肺组织失去弹性，切开后见有少量黄白色黏液性、脓性物，其周围组织呈充血及淤血性变化。小肠壁表面偶见有散的点状或细窄短线状的灰白色瘢痕。脾脏表面间见有少量灰白色绒毛样纤维素性渗出物，其切面稍干燥，脾小梁结构稍密集。

五、诊断

根据流行病学特点、临床症状，可考虑是否有线虫感染的可能。幼虫检查，在粪便、唾液或鼻腔分泌物中发现第一期幼虫。死后剖检时在支气管、气管中发现一定量的虫体和相应的病变时，亦可确认为本病。实验室检测可对照《动物寄生虫彩色图谱》(中国农业出版社出版,李祥瑞主编)。

六、防治措施

1.防控

(1)牛犊要与母牛隔离饲养,牛犊舍应干燥、清洁、卫生。

(2)驱虫后,清除的粪便要严格堆积处理。

(3)清除粪便后,要冲洗地面。

(4)驱虫1周内,用驱虫药喷洒舍内地面、料槽及用具。

(5)每年定期驱虫。

(6)不到低洼潮湿的地方放牧,不饮脏水、死水,注意科学饲养。

(7)建议自繁自养。如果确实需要外引,对牛要做好隔离检疫,及时做好驱虫和免疫等预防工作。

(8)及早确诊,及时治疗。应让病牛离开污染的草场,舍饲的牛应该转移出污染的粪便堆积处,直至圈舍内的粪便和垫草完全被清理。

2.治疗

治部药物有:

(1)海群生(乙胺嗪),牛10~40 mg/kg体重,一次口服。

(2)左旋咪唑,牛羊7~8 mg/kg体重,肌肉或皮下注射。

(3)丙硫眯唑,10~20 mg/kg体重,口服。

(4)氰乙酰肼,17.5 mg/kg体重溶于少量温水中,一次灌服,也可拌入少量精料喂服;或按15 mg/kg体重,配成10%溶液,皮下或肌肉注射;该药宜现用现配。

(5)伊维菌素0.2 mg/kg体重皮下注射并结合健脾开胃辅助治疗。伊维菌素对驱除体内消化道线虫病和肺线虫病以及体表寄生虫病有很好的驱虫效果。

参考文献

[1] 赵刚，张继才.牛肺线虫病[J].黄牛杂志，2001，（03）：71-72.

[2] 王惠来.牛胎生网尾线虫病的流行与诊治[J].养殖技术顾问，2013，（01）：101.

[3] 龙飞，王治贵，杨兴武.一起牛肺线虫病的诊治[J].贵州畜牧兽医，2008，32（06）：11.

[4] 李辉.牛肺丝虫病的预防及治疗[J].山东畜牧兽医，2017，38（06）：92-93.

[5] 罗光荣，杨平贵.生态牦牛养殖实用技术[M].成都：天地出版社，2008.01.

[6] 薛增迪，任建存.牛羊生产与疾病防治[M].咸阳：西北农林科技大学出版社，2005.09.

[7] 罗桑尖措.伊维菌素注射剂防治牦牛寄生虫病示范效果研究[J].畜牧兽医科学，2019，（10）：16-17.

[8] 于丹.肉牛网尾线虫及附红细胞体病混合感染的诊治报告[J].当代畜禽养殖业，2018，（03）：40.

[9] 马成山，李平，丁润峰.牛网尾线虫病的诊断与防治[J].养殖技术顾问，2011，（12）：118.

[10] 春花.牛呼吸道线虫病的防治对策[J].现代畜牧科技，2019，（08）：143.

第十六节　牦牛胃肠线虫病

牦牛胃肠线虫病是由多种线虫混合寄生在牦牛胃肠道内而引起的，是严重危害牦牛的寄生虫病之一。牛的皱胃及肠道内常见有血矛线虫、仰口属线虫、食道口线虫、毛首属线虫，并可引起不同程度的胃肠炎，消化功能障碍，消瘦，贫血，严重时可致牛群大批死亡。

一、病原体

捻转血矛线虫（血矛线虫）：寄生在宿主的皱胃及小肠。雄虫长 11 ~ 22 mm。尾部有短而粗的交合伞，长 0.46 ~ 0.50 mm，近末端有小的侧钩。长雌虫长 18 ~ 32 mm，呈细线状，淡红色，头尖细，口囊小，内有一矛状角质齿虫体吸血后，从外观易见红色肠管被白色的生殖器官所缠绕。口囊内背侧有一角质矛状小齿，称咽矛。虫卵椭圆形。卵呈椭圆形，（75 ~ 95）μm×50 μm，灰褐色。

仰口属线虫，寄生于牛的小肠，主要是十二指肠。牛仰口线虫是中等大小的线虫，雌雄异体，虫体乳白色，吸血后呈淡红色，虫长 12 ~ 25 mm。头端向背面弯曲，口囊大，呈漏斗状，背侧生有一个大背齿，腹侧有两对亚腹侧齿。雄虫长 10 ~ 18 mm，交合伞发达，长 3.5 ~ 4.0 mm，雌虫长 24 ~ 28 mm，虫卵呈冬瓜形，106 μm×45 μm，黑色，两端钝圆。

食道口线虫：因为有些食道口线虫的幼虫在肠壁寄生时，使肠壁发生结节，故又名结节虫。虫体线形，雄虫交合伞发达，两根交合刺等，长 12 ~ 15 mm，交合伞发达，长 0.7 ~ 0.8 mm。雌虫阴门靠近肛门，长 16 ~ 20 mm、排卵器发达呈肾形。虫卵较大（75 ~ 86）μm×（36 ~ 40）μm。

毛首属线虫：寄生于牛、羊盲肠，偶寄生于结肠。虫体前部细长似毛发，后部短粗，故称毛首线虫，又因整体形状像鞭子，也称鞭虫。虫体前部细长，后部短粗，虫体长 20 ~ 80 mm，呈乳白色，体前部呈细长毛发状，体后部短粗，游离于肠腔中。虫卵呈长椭圆形，两端各有卵塞。

二、流行病学

大多线虫是在外界感染性幼虫被牛吞食后，或者钻进牛的皮肤而感染牛只。

捻转血矛线虫：成虫寄生于反刍动物的皱胃或十二指肠上段的黏膜上，以血液为食。卵随粪便排出，在适宜环境中孵出幼虫，经4~5天蜕皮2次成为感染性幼虫。当宿主动物食草时，感染性幼虫进入宿主的前胃，脱鞘后移行至皱胃或十二指肠上段，再蜕皮一次发育为成虫。土壤是幼虫的隐蔽场所，牧草受到幼虫污染，土壤为其来源。

仰口属线虫（钩虫病）：幼虫侵入牛体的方式有两种，一种是随着饲料或饮水等经口腔进入消化道；另一种是直接钻入皮肤，幼虫随着血液到达肺或其他脏器，最终转移到小肠发育为成虫。幼虫经口腔发育为成虫的时间需要25天左右，经皮肤发育为成虫的时间大约需要55天。成虫在肠道刺破绒毛，靠吸食血液生存。本病分布于全国各地，夏秋季节感染严重，多呈地方性流行。

食道口线虫（结节虫）：虫卵在体外下孵化出一期幼虫。幼虫经过两次蜕皮变为感染性幼虫，感染性幼虫主要是经口腔进入牛的真胃、十二指肠以及结肠，逐渐发育为成虫。温度在35℃以上时，所有幼虫迅速死亡。感染性幼虫在适宜潮湿的环境里，尤其是有露水或小雨时，幼虫便爬到青草上，因此牛的感染主要发生在春秋两季。

毛首属线虫：雌虫所产的虫卵随粪便排出，在适宜的条件下，经2~3周，卵内的胚胎可发育成感染性幼虫。被宿主吞食后，卵内的幼虫在盲肠里经过1个月时间发育为成虫，感染多在夏季发生。毛首线虫病遍布全国各地，夏、秋季感染较多。虫卵卵壳厚，对外界的抵抗力很强，自然状态下可存活5年。虫卵在20%的石灰水中经1小时死亡，在3%石炭酸溶液中经3小时死亡。牛犊寄生较多，发病较严重。

三、临床症状

牛线虫种类繁多，常混合感染。协同致病作用可使病情加剧，尤其是牛犊，春季个别地区引起大批发病和死亡。急性型少见，因病原种类不同表现各异，常发生于夏末秋初，表现为精神沉郁，食欲减退，腹泻、血便等。慢性经过多发生冬春季节，主要症状是消化障碍，腹泻，有时粪便带血、黏液、脓汁。患畜贫血，可视黏膜苍白，有时下颌及颈下水肿，牛犊发育不良，生长缓慢。

四、病理变化

捻转血矛线虫可在皱胃和小肠发现大量虫体。仰口线虫可引起牛犊发育受阻，有时出现神经症状，如后躯无力或麻痹，最后陷入恶病而死亡。剖检可见尸体肺脏瘀血斑和小出血点；心肌软化；肝脏呈淡灰色，质脆；肠黏膜发炎，有出血点，肠壁组织有嗜酸性粒细胞浸润。食道口线虫病变主要表现为肠的结节病变，幼虫可在小肠和大肠壁中形成结节，结节在肠的浆膜面破溃时，可引起腹膜炎。在新形成的小结节中，常可发现幼虫，有时可发现结节钙化。毛首线虫病变局限于盲肠，虫体细长的头部深埋在肠黏膜内，引起盲肠慢性卡他性炎症，盲肠黏膜有出血性坏死、水肿和溃疡出现大量虫体。

五、诊断

必须根据临床症状、流行特点、剖检变化及粪便检查虫卵进行综合性判断才能确诊。剖检可见消化道各部有数量不等的相应线虫寄生。尸体消瘦，贫血，内脏显著苍白，胸、腹腔内有淡黄色渗出液，大网膜、肠系膜胶样浸润，肝、脾出现不同程度的萎缩、变性，真胃黏膜水肿，有时可见虫咬的痕迹和针尖大到粟粒大的小结节，小肠和盲肠黏膜有卡他性炎症，大肠可见到黄色小点状的结节或化脓性结节以及肠壁上遗留下的一些瘢痕性斑点。当大肠上的虫卵结节向腹膜面破溃时，可引发腹膜炎和泛发性粘连；向肠腔内破溃时，则引起溃疡性和化脓性肠炎。

六、防治措施

1.预防

本病最有效的方法是定期进行预防性驱虫，根据本地区的流行情况，应在晚秋转入舍饲后和春季放牧前各进行一次驱虫，感染严重的地区可在夏季再进行一次。平日要加强饲养管理，日粮要营养全面，注意牛舍及运动场的清洁卫生，保持牛舍干燥，粪便进行无害化处理，严防粪便污染饲料和饮水。

2.治疗

噻苯咪唑，每次 50～100 mg/kg 体重，口服，每天 1 次，连用 3 天，对驱除胃肠线虫有特效。

口服左旋咪唑，首次用药，每次 8 mg/kg 体重，两星期后再用药 1 次。

左旋咪唑注射液，肌肉或皮下注射，每次用量 7.5 mg/kg 体重，有很好驱虫效果。

参考文献

[1] 罗光荣，杨平贵.生态牦牛养殖实用技术[M].成都：天地出版社，2008.

[2] 冯克银.牛胃肠线虫病和肺线虫病的诊断与治疗[J].养殖技术顾问，2013，（12）：114.

[3] 张春燕，王兆凤，王辉，等.牛夏季主要线虫病及防治[J].农家顾问，2016，（07）：46-47.

[4] 薛增迪，任建存.牛羊生产与疾病防治[M].咸阳：西北农林科技大学出版社，2005.

[5] 王桂英.牛胃肠道线虫病的诊治[J].今日畜牧兽医，2015，（02）：53-54.

第十七节 牦牛犊新蛔虫病

牦牛犊新蛔虫病是弓首科新蛔属的犊新蛔虫寄生于初生牛犊的小肠内，引起肠炎，腹泻，腹部膨大和腹痛等症状的寄生虫病。初生牛犊大量感染时可引起死亡，对养牛业危害甚大。

一、病原

犊新蛔虫又名牛新蛔虫，成虫虫体粗大，呈淡黄色，虫体体表角质层较薄，故虫体较柔软，且透明易破裂。虫体前端有3个唇片，食道呈圆柱形，后端有一个小胃与肠管相接。雄虫长 15～25 cm，尾部呈圆锥形，弯向腹面；雌虫较雄虫为大，长 22～30 cm，生殖孔开口于虫体前1/8，到1/16处，尾直。虫卵近乎球形，短圆，大小为（70～80）μm×（60～66）μm，壳较厚，外层呈蜂窝状，新鲜虫卵淡黄色，内含单一卵细胞。

二、流行病学

生活在牛犊体内的成虫发育成熟后，雌雄交配，雌虫产卵随粪便排出体外，虫卵在外界适宜的条件下，经3～4周发育为含有第二期幼虫的感染性虫卵。这种感染性幼虫在晚间和阴雨天及多雾的天气会爬到草叶及食槽上等，被牛食入后而继续感染流行。有时可能还经皮肤感染。母牛吃了被感染性虫卵污染的饲料、青草或饮水后，虫卵内幼虫在小肠内逸出穿过肠壁，移行至肝、肺、肾等器官，变为第三期幼虫，并潜伏在这些组织中，当母牛怀孕8.5个月左右时，幼虫便移行至子宫，进入胎盘，随着胎盘的蠕动，被胎牛吞入肠中发育，待小牛出生后一个月左右发育为成虫，成虫在牛犊体内生存2～5个月，以后逐渐从宿主排出体外。母体内的幼虫也可通过母乳使牛犊食入。牛新蛔虫卵对药物的抵抗力较强，2%福尔马林对该虫卵无影响；29℃时，虫卵可在2%辽克林或2%来苏儿中存活20小时。但该虫对阳光直射的抵抗力较弱，虫卵在阳光的直接照射下4小时全部死亡。温湿度对虫卵的发育影响也较大，虫卵发育较适宜的温度为20～30℃，潮湿的环境有利于虫卵的发育和生存，当相对湿度低于80%时，感染性虫卵的生存和发育即受到严重影响。

三、临床症状

一般犊牛感染后表现出的共同临床症状是精神萎顿，没有食欲或根不不食，贫血，体格渐渐消瘦，肚腹胀账、水肿及下痢，有时还出现腹痛的症状，呼出气息常常有明显刺鼻的酸性味。轻症患畜被毛粗乱，精神、食欲稍差，喜卧，常回头顾腹，时而呻吟，排灰白色如膏泥样粪便。重度感染者精神萎靡，食欲废绝，鼻镜干燥，下痢带血的灰白粪便，气味腐臭，腹痛，仰卧。危症患畜剧泻，带血，眼球凹陷，腹痛不安，后肢无力，卧地不起，精神高度沉郁，肌肉痉挛，呼吸喘粗。一般少量感染通过治疗可以洽愈，严重感染时可导致病牛死亡。

四、病理变化

幼虫在血液中移动时，犊牛肝脏、肺脏发生病变，主要是引起肝细胞变性，肺水肿，肝表面存在出血斑点。发育幼虫再次侵入到小肠并发育为成虫时，小肠出现卡他性炎症，机体下痢。有时肠道内会寄生大量虫体，存在针尖大小的出血点和溃疡性病灶，形成机械性阻塞或肠穿孔，并伴有腹痛。尤其是虫体产生的毒素被肠黏膜吸收后，会慢性中毒，此时病犊表现神经症状，机体快速消瘦，最终由于极度衰竭而死。注意与痢疾和急性肠炎的鉴别诊断。犊牛新蛔虫病顽固性腹泻血便，应用健胃药、止泻药和消炎药无效，且可在粪便中检出虫卵或虫体。

五、诊断

该病的临床诊断需结合临床症状（主要表现收污并混有血液，有特殊恶臭，病牛软弱无力等）与流行病学资料综合分析，确诊尚需在粪便中检查出虫印或出休，可采集病牛犊的新鲜炎便，用饱和盐水漂浮法，在低倍显微镜下检出蛔虫卵即可。

六、防治措施

1.加强饲养和放牧管理

平时要勤检查、细观察，发现异常及时处理。严禁饲喂发霉变质的饲草，注意饮水卫生，不饮死水，保证充足、清洁的饮水。特别是春秋两季要预防体外寄生虫的发生。不要在低洼潮湿的地方放牧，有条件的地方可轮换放牧。勤清粪便，要堆肥发酵后利用，以减少对环境的污染。保持舍内空气新鲜。每出栏一批牛，要对圈舍进行彻底的清扫和消毒。除加强日常牛舍环境卫生和粪便管理外，要坚持有计划的驱虫。有许多牛犊是隐性带虫者，但其排出的虫卵可以污染环境，导致母牛感染。一般每年在春、秋两季各进行驱虫1次。常用驱虫药物有以下几种：硫化二苯胺、敌百虫、灭虫灵等，用量见如下。

①硫化二苯胺（吩噻嗪）：每头牛 20～60 g，混于稀面糊内灌服。在流行地区尚可每日每头给药 1.0～1.5 g 混于精料中喂服，可抑制虫体产卵。

②敌百虫 40～50 mg/kg 体重，一次内服，或按 20～40 mg/kg 体重，配成 5%～10% 的溶液肌肉注射。

③灭虫灵（酚乙胺）0.25 g/kg 体重内服。

④驱虫净（四咪唑）5～15 mg/kg体重，制成1%溶液肌注。

⑤噻咪唑50～100 mg/kg体重内服。

⑥伊维菌素，按每千克体重0.2 mg，一次皮下注射。

⑦丙硫咪唑，10～20 mg/kg体重，一次性口服。

2.治疗

以润肠通便、抗菌消炎、清热解毒、强心补液为原则驱除虫体。

抗菌消炎：可选用庆大–小诺霉素注射液每千克体重0.2 mL，或大黄藤素注射液每千克体重0.2 mL，或氧氟沙星注射液每千克体重0.2 mL，其中一种均可。同时内服香莲化滞片每次10片，连用2天用以清解热毒，调理胃肠。强心补液：静脉注射10%葡萄糖注射液250～500 mL，维生素C注射液20 mL，安钠咖注射液10 mL混合一次注射。重症者可静注0.9%氯化钠250 mL，碳酸氢钠注射液30～50 mL，中和自体酸中毒。为调节电解质平衡，可静注格林氏液250 mL。

参考文献

[1] 杨保平.牛犊新蛔虫病及其防治[J].中国牛业科学，2016，42（05）：93.

[2] 李坤.牦牛和藏猪常见原虫调查及藏猪肺线虫线粒体基因组分析[D].武汉：华中农业大学，2019.

[3] 赵松涛.简述牛新蛔虫病及其防治[J].吉林畜牧兽医，2017，38（02）：43.

[4] 薛增迪，任建存.牛羊生产与疾病防治[M].咸阳：西北农林科技大学出版社，2005.

[5] 宋镇，张咏梅，吴文斌，等.浅述牛犊新蛔虫病的诊治[J].云南畜牧兽医，2009，（06）：19.

[6] 石磊.牛犊新蛔虫病的流行与综合诊治[J].畜牧兽医科技信息，2018，（10）：63.

[7] 费芸勇，费云涛.简述牛新蛔虫病及其防治[J].当代畜牧，2017，（14）：76-77.

[8] 左秀峰，左秀丽.牛犊新蛔虫病的诊治[J].中国牛业科学，2014，40（04）：93.

第五章　牦牛其他常见疾病的诊断与防治

第一节　牦牛水疱性口炎

水疱性口炎是由水疱性口炎病毒引起的人畜共患传染病，损害一般不会太严重，大多数均呈现良性，但是对牦牛的健康影响极大，一旦爆发，将会给牦牛等养殖业造成极大的损失。

一、病因

水疱性口炎是由水疱性口炎病毒（VSV）引起的急性高接触性传染病。VSV 的基因组通常为线状单股负链 RNA，长度大约为 11 kb，其形状有点类似于枪弹或者圆柱体，有囊膜。此病毒能够使人和多种动物患病，常见的宿主有牛、马、猪、兔等，且此病毒可在一定区域中长期存在。水疱性口炎病毒的传播性极强，可以通过多个渠道传播，如 VSV 可随着病畜的唾液、水疱液等排出，污染食物、水源等，从而造成其他动物的呼吸道、黏膜感染，也可通过昆虫叮咬传播给其他动物。由于水疱性口炎发病后传播非常快，所以此病一旦爆发，便会引起国际贸易恐慌，世界动物卫生组织（OIE）曾将水疱性口炎列为必须通报的疾病之一。

二、临床症状

一般动物感染VSV后最明显的症状便是大量流涎，在临床上的症状与口蹄疫极其相似，所以很难对这两种病进行鉴别诊断，需要借助更多的实验室方法进行区别。此病的潜伏期为4~5天，病畜最初的体温可高达40~41℃，常表现出流大量白色口涎，有咂唇音，嘴角流出白色泡沫，耳根发热，精神沉闷、食欲下降，严重者甚至不能取食，反刍减少，口干舌燥，口腔恶臭，极喜饮水，在口腔、牙龈、舌、唇黏膜上会出现小水疱，通常有米粒般大小，小水疱最后会融合成大水疱，里面充满透明黄色液体，经过1~2天，水疱便会破裂，疱皮脱落之后，便会留下比较浅、边缘不整齐、大片的鲜红色烂斑，有时舌上皮也会发生大面积的脱落，偶见病畜乳头及蹄部也会发生水疱。通常患病1~2周后会转好，极少会导致死亡，但如果治疗不及时，糜烂部位可能会导致化脓、坏死，甚至引发其他疾病最终导致死亡。

三、防治

1.一经发现，立即隔离和消毒

一旦出现患此病的病牛或者疑似感染了水疱性口炎病毒的牛群，应立即进行隔离，并马上对疫区进行封锁。对被污染的畜舍、饲草、垫料、饲槽、道路、水沟等马上进行全面彻底的消毒，防止疫情扩散。消毒液可以选择2%二氯异氰尿酸钠、3%烧碱、百毒杀、强力消毒灵等。此病为人畜共患病，传播极快，并且多种动物易感，所以一定要随时关注牦牛的健康状况，一旦出现此病的症状，应立即采取防治措施，同时加强个人防护工作。

2.保护易感牛群

禁止在疫区进行牦牛的买卖活动。其他地区若有新购的牦牛，应该隔离观察数日，确定没有问题后再进行混群。外来车辆应进行全面消毒之后才可进入牧场，工作人员应该穿戴经过严格消毒的服饰才可进入畜舍，以免造成养殖场健康牦牛的感染。

3.提高免疫力

对病牛应饲喂比较柔软的优质饲料，采食困难者可以饲喂小米粥、绿豆粥等或甘草熬汤以增加营养，提高其免疫力，防止心肌麻痹而死。

4.对病变部位的处理

病畜的口腔可以用食醋、0.1%高锰酸钾、淡盐水清洗，之后用聚维西酮碘或者口疮散（炒五倍子45 g、川连20 g、黄柏20 g、大黄15 g、青黛15 g、儿茶15 g、硼砂3 g、冰片3 g、珍珠1.5 g）喷洒，大量流涎可以用1%～2%的明矾清洗，蹄部可用来苏儿溶液冲洗，其他糜烂部位可选用碘甘油、龙胆紫擦拭。

5.用药治疗

对病牛一定要早治疗，按要求用药，中药和西药结合治疗的疗效更好，西药可用病毒灵40 mL、护心宝100 g对病牛的颈部进行肌肉注射，兑800万单位青霉素进行肌肉注射，并服用双黄连口服液150～250 mL。对于继发感染的病牛，可以肌肉注射头孢拉定、黄芪多糖、维生素C、柴胡混合液，用量分别为10 g、20 mL、10 mL、20 mL，每天注射一次，2～3天便可痊愈。中药可用金银花、连翘、黄柏、黄连、黄芪、栀子、沙参、麦冬、甘草、板蓝根煎服，用量分别为50 g、20 g、15 g、20 g、15 g、10 g、10 g、10 g、15 g、30 g。具体用量要根据病畜的大小进行合理安排。

参考文献

[1] 武庭斌.中西药结合防治牦牛水疱性口炎[J].畜牧兽医杂志，2019，5：91-92.

[2] 赵燕.牛传染性水疱性口炎的诊断与防治[J].甘肃畜牧兽医，2017，47（5）：72-73.

[3] 臧明实.肉牛传染性口炎与水疱性口炎的流行病学、临床特点与防治措施[J].现代畜牧科技，2019，60：81-82.

[4] 何洪彬，王洪梅，周玉龙.牛常见传染病及其防控[M].北京：中国农业科学技术出版社，2017.

[5] 薛增迪，任建存.牛羊生产与疾病防治[M].咸阳：西北农林科技大学出版社，2005.

[6] 措加卓玛.中西药结合防治牦牛水疱性口炎[J].畜牧业环境，2020，17：90.

第二节　前胃弛缓

前胃弛缓通常是由于饲养人员给牦牛喂食劣质饲料、混杂难消化的泥沙纤维，以及牦牛饮水量不足导致牦牛前胃神经的兴奋性明显降低，肌肉的收缩能力减弱，使前胃内物质难以移动，形成团状物，减弱了瘤胃微生物对食物的消化作用，并且使胃内物质发酵成为有毒物质，造成消化功能发生障碍的一种疾病。

一、病因

1.饲养管理不当

（1）若饲养者长期给牦牛喂食劣质饲料、禾本科秸秆、生长不良的再生草、精粗饲料搭配不当、食物中的钙物质和维生素不足，导致其消化功能下降。饲养者突然改变喂食习惯，使前胃机能一时不能适应。放牧时牦牛采食冰冷的水和枯草、又坚又硬的粗纤维，或者平时饲养者提供的饮水量不足，导致食物在胃里形成难以移动的团状物，影响瘤胃微生物的消化。

（2）由于管理不当，导致牦牛误食大量塑料、化学纤维等。

（3）牦牛运动及光照不足，没有及时促进肠胃的蠕动，影响肠胃的消化。

2.医疗用药不当

滥用抗生素或磺胺类等药物，打乱了瘤胃微生物群的平衡，最终影响到消化活动，导致此病发生。

3.其他疾病诱发

常常是由于某些疾病（如瘤胃鼓气、瘤胃积食、腹泻以及一些寄生虫病、口炎、齿病、腹膜炎、乳腺炎、子宫内膜炎等）没有得到及时的治疗，影响到前胃的机能，导致此病的发生。

4.应激反应

由于意外的声音、饲养器具的移动、畜舍区出现新人以及畜舍区出现其他的动物，都会抑制消化液的分泌和前胃肌肉的运动。

二、临床症状

1.急性型前胃弛缓

病牛精神沉郁，食欲下降，鼻镜干燥，瘤胃鼓气，蠕动无力，反刍变缓或停止，不断呻吟，口腔潮红，头偏向颈，好睡懒动，粪便干燥坚硬，呈棕褐色，被覆黏液。体温、呼吸、脉搏一般无明显异常。病畜站立时，垂头伸颈，脊背弓起，经常磨牙。末期体温稍有升高，脉搏弱而加快，呼吸苦难，眼睛下凹，脱水明显，长期不愈者，消瘦贫血，最终因酸中毒而死亡。

2.慢性型前胃弛缓

病畜慢性型前胃弛缓一般表现出反刍不规律或者停止，不断磨牙，舔墙壁的砖，吃脚下的土，有时会采食被粪便污染的褥草，嗳气带有腐臭味，便秘、下痢交替进行，慢性型前胃弛缓通常由急性型前胃弛缓发展而来。病程略长，皮肤缺少弹性，皮毛杂乱，眼睛内陷，诊治时触及其腹部，有明显的坚硬感，有时还会引起腹痛，脱水明显，最终因酸中毒而死亡。

三、防治

1.加强饲养管理

牦牛的前胃弛缓大多数与养殖户日常的饲养管理有着很大的关系，所以加强日常管理，可以很大程度地降低此病的发生。此病一般在冬季与春季比较流行，在冬季的时候，牦牛一般不放牧，而是在舍区饲喂，而春季就可以放牧了，在此过程可能面临着食物的巨大变化，牦牛的肠胃可能一时不能适应此变化，所以管理者应该提前缓慢地进行食物的变更，使牦牛有一个适应期。其次就是禁止饲喂劣质饲料、枯草，不要长期饲喂禾本科植物的秸秆，精饲料和粗饲料搭配均匀，禁止让牦牛误食到塑料和化学纤维等，禁止滥用抗生素和磺胺类药物等，适当增加牦牛的运动和光照，合理使役。

2.病畜的处理

如果有确诊的病畜，将其置于温暖、干燥、舒适的畜舍内，禁食1~2天。在此期间，加强对病畜的饲养管理，以后少量多次饲喂口感好、易消化的优质青干草，注意控制饲喂量，同时增加饮用水，或者根据病畜体格的大小每日饲喂适量小米清粥，帮助其消化，增加抵抗力。

3.药物治疗

（1）润滑肠道。可用植物油700 mL，食醋2 mL/kg体重进行灌服，排出胃内容物，防止食物在胃内囤积。

（2）防酸止酵。可用500 mL植物油或者300 g硫酸钠、15 g鱼石脂加水灌服，防止食物在肠胃内发酵产生有毒物质。

（3）强脾健胃。可用茯苓、党参、枳实、麦芽、芍药、白术各40 g，木香、砂仁、厚朴、神曲、陈皮、贯众各30 g，煎水去渣，候温灌服，起到强脾健胃、穿心养神的作用。

（4）强心补液。可用5%葡萄糖1 500 mL和维生素C溶液20 mL

颈静脉注射。

（5）对于胃内 pH 值变化严重者，合理使用氯化钾、碳酸氢钠、醋酸盐缓冲合剂、碳酸盐缓冲剂调节酸碱平衡。

（6）对于体温升高者，可以注射 30% 的安乃近和青霉素。

（7）对于酸中毒者，可以注射 5% 碳酸氢钠溶液 1 000 mL。

（8）对于下痢比较严重者，可以用地塞米松、普鲁卡因后海穴注射。

参考文献

[1] 才代阳.牦牛前胃弛缓的诊断与防治[J].中国畜牧兽医文摘，2016，32（5）：214.

[2] 孙云龙.高原牧区牦牛前胃弛缓病的中西医治疗[J].中国畜牧兽医文摘，2018，34（5）：187.

[3] 刘春禄.中西医结合治疗牦牛前胃弛缓[J].云南畜牧兽医，2017，（2）：20-21.

[4] 董新真.浅谈中草药对牦牛前胃疾病的防治[J].甘肃畜牧兽医，2015，45（6）：65.

[5] 冯雪梅，周玉梅，李昱洁，等.一例牛前胃弛缓的诊治报告[J].吉林畜牧兽医，2016，37（2）：44.

第三节　瘤胃积食

牦牛瘤胃积食又称为瘤胃急性扩展，是指牦牛在养殖中因贪食而在短时间内采食过多，或者食用过量的膨胀性强或难以消化的草料而引起瘤胃扩张，瘤胃体积显著增大，内容物在瘤胃中无法下行，导致瘤胃机能出现问题，最终形成脱水和毒血症的一种疾病。此类疾病在牦牛养殖过程中常常发生，严重影响了牦牛的生长发育，如果不进行及时诊断，采取措施进行医治，极易导致牦牛死亡。

一、病因

1.饲养管理不当

牦牛瘤胃积食最主要的原因是由于养殖户饲养管理不当造成的，如给牦牛饲喂含有毒素、富含碳水化合物的饲料，让牦牛过度食用酒糟、甜菜、小麦玉米颗粒、燕麦等都极易引起此疾病，这些食物进入瘤胃后便堆积在瘤胃，无法进行消化。又或者长时间不为其提供食物让牦牛处于极度饥饿的状态，从而导致牦牛在有食物之后暴饮暴食，又没有及时为其提供饮用水，从而导致瘤胃积食。另外，饲料种类不合理、精粗饲料搭配不当也与此病有一定的关系。

2.其他疾病继发引起

在牦牛的养殖过程中，前胃弛缓、创伤性肠胃炎、瓣胃阻塞、真胃炎、某些传染病、寄生虫病、采食异物等都将引起瘤胃积食。

3.环境因素改变引起

不同的养殖场有其不同的养殖模式，牦牛的饲养环境改变，喂养习惯也随之发生变化，如牦牛从饮食条件较差的环境突然进入精饲料较多的环境，牦牛食用大量的精饲料将导致其堆积在瘤胃中，难以下行，从而导致此病的发生。

二、临床症状

此病发病比较急，常常在进食几小时后就会发生，表现出来的最明显的症状便是瘤胃充满而坚硬。有的病畜也表现出食欲下降，举止不安，反刍停止，部分病畜会在舍内盲目转圈，狂躁不安，来回踱步，不停用头抵墙壁。有的病畜也出现目光呆滞，轻微的腹痛感，用后肢踢腹部，空嚼磨牙，不断呻吟，嗳气，呼吸急促，每分钟呼吸次数高达90次，心跳加快，精神沉郁，鼻镜干燥，口腔流液，腹部显著膨胀，出现便秘、粪便干燥且呈饼状，有时腹泻，粪便中掺杂未消化的草料。严重者全身颤抖，四肢冰冷，排泄停止，卧地不起，体温正常或低于正常个体，食物在瘤胃中不断发酵、产生有毒物质，继而使瘤胃功能下降或者丧失。进入中后期的病畜病情会快速恶化，肌肉震颤，眼球内陷，肢体末端发冷，身体严重脱水，出现自体中毒现象，最终循环系统出现故障。

三、防治

1.加强饲养管理

需要更换牦牛饲料或者养殖环境时，应当有一个过渡缓冲期，让牦牛慢慢适应变化，这样可以使牦牛稳定生长。需要减少粗饲料或者增加精饲料用量时，也应该循序渐进地减少或增加，避免产生较大程度的变化让牦牛一时无法适应。在饲喂时，应该检查一下饲料中是否含有难以消化的塑料等其他杂物，同时也应该增加饮用水的提供量。对草料的储存应该注意通风，避免发霉。随时关注牦牛活动，防止其偷食或者贪食等现象，尤其不能让牦牛食用过多的精饲料。此病在牦牛养殖过程中极易发生，作为养殖人员，应该充分认识到此病的危害性，在日常饲养过程中要做到合理、科学养殖，制定严格的草料管理体系，采用定时定量喂养方式，做好该病的针对性防控工作，减少此病大范围发生导致的经济损失。

2.发现瘤胃积食应立即采取措施

一旦出现发病情况，应及时隔离病牛，并立刻禁食，在12～24小时内不能为其提供饮用水，可以适当给牛提供优质的干草，迫使牛保持运动，可以促进消化道蠕动，使一部分食物消化和清空。

3.药物治疗

在药物治疗时，可以选择中药治疗、西药治疗，也可以选择中西结合的治疗方法。

（1）西药治疗：可以用硫酸钠500 g、液态石蜡500 mL、75%

酒精 50 mL、纯净水 8 000 mL 混合灌服，同时进行 10% 氯化钠溶液 500 mL、氯化钙 100~250 mL、10% 安钠咖溶液 20~30 mL 静脉注射。如果牦牛瘤胃积食严重，卧床不起时要及时输液，可以静脉注射 5% 葡萄糖生理盐水 1~2 L，5% 碳酸氢钠溶液 0.5~1 L，10% 的安钠咖溶液 20~30 mL，25% 的葡萄糖溶液 0.5~1L，10% 葡萄糖酸钙溶液 300~500 mL，维生素 C 50 mL，维生素 B_1 50 mL。

（2）中药治疗：可用陈皮、木香、草果、白术、贯众、五灵脂各 40 g，山楂、麦芽、槟榔、枳实各 60 g，大黄 80 g，芒硝 250 g，厚朴 90 g，研磨成粉进行灌服，每天服用 1 次即可。或者是采用苁蓉、厚朴、山楂各 60 g，油当归 150 g，木香、火麻仁各 30 g，炒枳壳、通草、醋香附、莪术各 40 g，瞿麦、黄芪各 100 g，番泻叶 50 g，煎水后候温加 1 kg 猪油进行灌服，每天一次，连续服用两次即可。

参考文献

[1] 乔向莲.牦牛瘤胃积食治疗措施[J].畜牧兽医科学，2019，（23）：116-117.

[2] 阿不地克热木·吐尔逊.牦牛瘤胃积食的原因及治疗[J].畜牧兽医科技信息，2019，（11）：78.

[3] 李春生，马进寿.牦牛瘤胃积食病因及诊治[J].畜牧兽医科学，2019，（15）：144-145.

[4] 才仁它次.牦牛瘤胃积食病因与中西医结合治疗[J].中国畜禽种业，2019，（11）：132.

[5] 赵晓娟.牦牛瘤胃积食病因及治疗[J].畜牧兽医科学，2019，（14）：116-117.

第四节　瘤胃臌气

牦牛瘤胃臌气是指牛采食了过量的容易发酵产气的食物，比如豆科植物种子或果实、发酵青草饲料等，在瘤胃内产生并蓄积大量气体，从而使瘤胃大幅度臌胀，使牦牛呼吸困难。此病发作无规律可循，无时节之分，一年四季均会发生，但早春和夏季的发病率会高于其他季节。该病是牦牛养殖过程中常见的疾病之一，会给牦牛养殖业的经济效益带来不利影响，所以养殖户在日常管理中应该采取有效的措施，减少牦牛患此病的概率。

一、病因

1.脾胃气虚

除了牦牛年老体衰之外，如果饲养失当（如饥饱不均、不按时喂养等）也会导致脾胃气虚，从而使草料堆积，发酵产气，使瘤胃臌气。

2.气滞郁结

若饲养者对草料管理不当，如将草料放在潮湿、不通风等环境中，就会导致草料发霉腐败，若继续将这批变质的草料给牦牛食用，就极易导致瘤胃臌胀。还有便是牛大量食用了一些难消化且极易发酵的草料，如带露水的青草、开花前的苜蓿、青储饲料等，这些草料都会在瘤胃里发酵，产生大量气体，从而导致瘤胃臌气。

3.水湿困脾

若饲养者没有按时对牦牛提供食物，导致其处于极度饥饿状态，之后再为其提供大量食物，导致牦牛暴饮暴食，喝大量冰冷的饮用水，导致消化不良，从而在瘤胃中大量产气。此外，如若对水槽清洗不佳，使异物同水一起被饮入，在瘤胃中形成泡沫，也会导致臌胀。

4.其他病症引发

如草噎、宿草不转、百叶干（瓣胃阻塞）等也会引发瘤胃臌气。

二、症状

牦牛瘤胃臌气高发于初春和夏季，一般发病也比较快，在牦牛饮食后的3小时内便会发生，最突出的症状便是左侧肋窝膨胀、表现不安、呼吸苦难。此病在临床上的症状为腹部会出现肉眼可见的很明显的膨胀，与进食后的正常腹部会有很大的差异，用手叩打会出现沉闷的声音；食欲下降，反刍停止，伸舌，在鼻子和口角会流出黏液，头颈伸直，步态失衡，不能正常行走，长时间卧地不起；呼吸和心跳加速，呼吸次数维持在每分钟60～80次，脉搏每分钟高达在120～140次。有的会出现静脉怒张的现象，时起时卧，用后肢踢腹，脊背凸起，躁动不安，嗳气受阻。情况严重者，若不及时治疗，错过最佳治疗时间将会导致牦牛因呼吸困难而死亡，最终给养殖户带来严重的经济损失。

三、防治

1.加强饲养管理

此病发病无规律可循，所以在平时饲养的过程中，养殖户一定要加强草料的管理，防止其发霉变质，同时禁止将变质的饲料喂给牦牛；对草料要做到精挑细选，避免喂食过多的豆科植物，同时也不能给牦牛喂食豆科籽实；按时喂养，避免牦牛过度饥饿而暴饮暴食，同时也不能为了让牦牛在短时间内增重而大量喂食；尽量选择在正午或者黄昏放牧，不能让牦牛食用带有露水的草料，尽量不要在下雨之后放牧，这些方法均可以减少牦牛出现瘤胃臌气症状的概率。

2.止酵消胀

对于病情不严重的，饲养者可以选用鱼石脂20～30 g、乳酸30～60 mL、来苏儿20～30 mL、松节油20～40 mL加水投服，或者用白酒100～150 mL、鱼石脂15～25 g等加水混合给牦牛灌服，可以起到停止发酵、消除臌胀的作用。养殖户也可以选择用番木鳖酊、氯化钠、石酸锑钾促进瘤胃蠕动，提升瘤胃机能，降低牦牛患此病的概率。还可以用酒精、鱼石脂、硫酸镁混合使用，或者松节油、石蜡油、植物油混合使用，可以及时消除瘤胃中的发酵物，起到止酵清肠的功效。

3.排气按摩

养殖户可以采用排气按摩的方法帮助牦牛排出瘤胃中聚集的气体。

（1）对牦牛反复进行按摩，每次15分钟，提升按摩质量。

（2）在对牦牛进行按摩时，需要注意的是要保证牦牛前半身的位置要比后半身的位置要高，这样有助于气体的排出。

（3）为了帮助瘤胃内积累的气体尽快排出，饲养者还可以用木棍刺激病畜的软腭，或者是用盐类擦拭病畜的后背。

4.洗胃治疗

将病畜固定好，让其站立稳定，固定好牦牛的头部，打开它的口腔，用一根直径为2.5～3.0 cm的导管从牦牛的口腔内缓缓地插入瘤胃中，保证插入的长度为1.2～1.5 m，然后从导管中注入温度约37℃的食盐水（温度一定要控制好，避免温度过高或者过低对牦牛瘤胃产生刺激作用），通过此方法可以稀释牦牛瘤胃中的内容物。在注入食盐水的过程中，要仔细观察牦牛的腹部，若发现牦牛腹部有轻微的隆起，要及时把导管的外口放低，使内容物经导管排出。

5.中药治疗

经研究证明，中药对瘤胃臌气也有良好的疗效。可以选择神曲、山楂各50 g，陈皮、厚朴、枳实、藿香、茯苓、木香各35 g，研末，用沸水冲调，温度合适时进行灌服；或者用陈皮、山楂、青皮、菖蒲、丁香、木香、藿香加菜籽油研末，开水冲服。

6.瘤胃穿刺治疗

对于病情极为严重的患病牛，最常用的急救方法是瘤胃穿刺。也就是将牦牛最后肋骨和左侧髋结节的中心部位切开一个长 2 cm 的小口，再将套管针用力插入，从而进行排气。此方法极其危险，需要养殖户科学把控排气速度，否则将导致气体过快排出引发脑贫血。

参考文献

[1] 逯登伟.中西医结合治疗牦牛瘤胃臌气的方式与效果分析[J].当代畜禽养殖业，2019，（8）：43-44.

[2] 扎西多杰.牦牛瘤胃臌气的防治方法[J].畜牧兽医科技信息，2019，（6）：56-57.

[3] 白俊杰；马进寿.牦牛瘤胃臌气治疗[J].畜牧兽医科学，2019，（5）：113-114.

[4] 昂江文扎.牦牛瘤胃鼓气的诊治措施[J].中国畜牧兽医文摘，2017，33（5）：184.

[5] 王卓才.牦牛瘤胃臌气病诊治[J].中国畜禽种业，2017，13（6）：114.

[6] 纪银鹏.牦牛瘤胃臌气的诊治[J].中兽医学杂志，2016，（3）：41-42.

第五节　瓣胃阻塞

牦牛的瓣胃阻塞通常是因为前胃运动机能出现故障，从而导致瓣胃难以收缩，食物在瓣胃中滞留并发酵，使胃里的水分被内容物吸收完，最终造成瓣胃消化不良。这也是牦牛饲养过程中极易出现的一种疾病，治疗起来也相对比较困难。在临床上，此疾病发病急、速度快，在短时间内便会出现急性症状，如不及时医治，可能会引起牦牛的死亡，所以此类疾病一定要早发现、早诊断、早治疗。

一、病因

1.环境因素

高原地带气候恶劣，牧草生长不良，导致牦牛食物中的维生素和矿物质含量少，迫使牦牛舔吃碱土，导致胃中细土黏结，使瓣胃蠕动能力减弱，食物无法下行，加上春季和冬季干旱缺水，沙尘暴天气较多，导致牦牛摄入过多的尘土，瓣胃蠕动困难，无法将内容物及时运至真胃，内容物滞留于瓣胃中，吸干胃中水分，出现消化困难的状况，使瓣胃阻塞。

2.饲养管理不当

由于饲养者疏忽，喂养过量的玉米、小麦等，这些食物在胃中难以消化，加上畜舍断水，饮用水不足，导致胃中食物堆积，水分减少，以致难以消化，造成瓣胃阻塞。

3.其他疾病引发

此病可继发于前胃弛缓、瘤胃积食、瓣胃炎、网胃与腹肌粘连、皱胃变位、血原虫病及其他热性病。

二、临床症状

瓣胃阻塞的前期症状与前胃弛缓相似。此疾病在临床上的症状通常表现为患病初期精神沉郁，眼窝凹陷，食欲不振，反刍次数下降，瘤胃轻度膨胀。2天之后嗳气增加、停止采食，并且会反复出现消化不良的症状。病畜站立不安，站多卧少或时起时卧，运动减少，不愿出门，回头顾腹，腰背弓起，后肢踢腹，停止觅食，不断出现空嚼或者磨牙的现象。瘤胃蠕动能力减弱，听诊时瓣胃蠕动音减弱或者消失，瓣胃浊音区扩大，瘤胃蠕动音减弱，蠕动次数减少，蠕动波短。病情严重后，舌头呈现紫红色、舌苔赤黄；鼻镜干燥且有皲裂；尿量少、呈深黄色或者无尿；粪便黑色干燥球状，被覆黏液，恶臭难闻，或者停止排便；用手轻轻按压瘤胃触感坚实，疼痛感明显。瓣胃叶发炎，坏死，发生败血症时，体温升高，呼吸加快，脉搏加速，每分钟达100次以上。

三、防治

1.加强对牦牛的饲养管理

禁止长期给牦牛投喂粗硬、难以消化的以及携带大量沙土的草料。在喂养过程中随时给牦牛提供足量的、洁净的饮用水，并随时清洗水槽。让牦牛每天保持一定的运动量，促进肠胃的蠕动，加快消化，减少食物在胃里的堆积。

2.恢复前胃运动机能，软化瓣胃内容物

饲养者可以根据症状将硫酸钠500 g、水8 000 mL混合后分2～3次给牦牛饮用，使瘤胃里的内容物软化。同时静脉注射10%氯化钠200 mL、30%安钠咖20 mL。增强胃部运动机能可以选择0.1%的氨甲酰胆碱3 mL皮下注射。2天后，可以给牛静脉注射0.9%氯化钠、5%葡萄糖生理盐水、5%碳酸氢钠，调节代谢功能，增强免疫力。

3.排出瓣胃内容物，增强前胃机能

（1）第一天灌服泻剂，将硫酸镁500 g、水5 000 mL配成浓度为6%～8%的溶液，再加入液态石蜡1 500 mL，用胃管灌服，12小时后，可以用木棍反复抬动腹部，帮助瓣胃蠕动。

（2）静脉注射10%氯化钠溶液1 000 mL，协助瓣胃蠕动，调整瓣胃功能。

（3）第二天，再次用硫酸镁500 g、水5 000 mL配成浓度为6%～8%的溶液，再加入液态石蜡1 000 mL，用胃管灌服。

（4）在此期间，加强对病畜的饲养管理，治疗期间停止进食，每天提供足量淡盐水让牦牛自己饮用。

（5）第四天，牦牛会恢复反刍，少量饮水，排出的粪便量少且稀，等待牦牛胃内容物排出之后，可以适量增加牦牛的运动量，增加光照机会，并慢慢为其增加优质饲料量。

4.中药治疗

中药可用大黄、芒硝、当归、白术、二丑、大戟、滑石、甘草，用量分别为60 g、120 g、30 g、30 g、30 g、30 g、30 g、10 g，研磨成粉末，加水微火煮沸15分钟后，再加猪油500 g灌服。或者用大黄、玄参、麦冬、生地、二丑、火麻仁、郁李仁、芒硝，用量分别为40 g、60 g、50 g、50 g、40 g、150 g、40 g、100 g，加入水200 mL，进行煎煮，熬好后去渣取汁1 500 mL，加入石蜡油500 mL混匀后进行灌服。为了保证药物能够进入到网胃中，可以让牛保持站立姿势，头抬起来使口角与眼角在同一水平线上，用一根光滑的木棍轻轻撬开牛嘴，将药物混合均匀后匀速灌入。

5.瓣胃穿刺治疗

在牛的右侧肩关节水平线和第七肋间的交叉处，将针头垂直插入瘤胃12 cm左右，缓慢注射25%高渗硫酸钠溶液10 mL，再皮下注射50 mg毛果芸香碱，每天一次，可使牦牛恢复胃部运动机能。

参考文献

[1] 马玉林.一例牦牛瓣胃阻塞诊断与治疗[J].畜牧兽医科学，2019，（10）：141-142.

[2] 宋啟珠.浅谈高原地区牦牛瓣胃阻塞的诊治[J].山东畜牧兽医，2017，38（10）：92-93.

[3] 扎西卓玛.一例牦牛瓣胃阻塞的诊断与治疗[J].当代畜牧，2017，（23）：47-48.

[4] 宋啟珠.一例牦牛瓣胃阻塞的诊断与治疗[J].青海畜牧兽医杂志，2017，47（4）：20.

[5] 杨毛吉.牦牛瓣胃阻塞的诊断与治疗[J].当代畜牧，2017，（17）：45-46.

[6] 张光辉，陈得福.中西医结合防治白牦牛瓣胃阻塞[J].中兽医学杂志，2016，（4）：61.

第六节　牦牛犊消化不良

消化不良是牦牛犊的常发疾病之一，也就是其消化机能出现了障碍，一般表现出不同程度的腹泻、消瘦、发育迟缓等，多数由于营养不良而死亡。通常消化不良包括食饵性消化不良和中毒性消化不良两种类型。食饵性消化不良又称为单纯性消化不良，通常是因为不正确的饲养方式导致的，而中毒性消化不良是由于单纯性消化不良医治不及时，导致食物在肠内发酵腐败，产生毒性物质，并被自身吸收从而导致中毒的现象。

一、病因

1. 饲喂方式不合理

部分牦牛出生后未吃到母牛的初乳或者由于母乳量喂养不足，导致牛犊从母乳中所获得的免疫球蛋白数目较少，导致其免疫力较弱。或者进行人工哺乳时，饲喂不定时，牛犊在饥饿状态下大量饮食，乳液的温度过高或过低，浓度不合理等造成消化不良。

2. 母乳的质量不佳

由于饲养者在母牛怀孕期间为其提供的具有营养的食物较少，使身体所必需的营养物质（蛋白质、维生素、微量元素）缺乏，从而导致母牛瘦削、体弱，胎牛从母牛处得到的营养也不足以维持身体的正常发育，出生后身体的各项生理机能都较弱，从而增加了患上消化不良或其他疾病的风险。

3. 环境因素

若畜舍过于脏乱，不通风，缺少阳光的照射，温度过低，湿度较大，使母牛乳头上滋生较多的细菌或病毒，以及喂乳器具被污染，没有定期消毒，畜舍过于拥挤，天气骤冷等因素也将导致消化不良。

4.中毒性消化不良

中毒性消化不良通常是由食饵性消化不良治疗不当或不及时，从而使肠内容物发酵腐败，产生的有毒物质被自体吸收等，导致自体中毒的现象。

5.病菌性消化不良

新生牛犊的消化系统的结构未发育完全，导致其消化功能存在缺陷，加上神经系统也尚处于发育阶段，对肠胃的调控能力较弱，且自身对病原微生物的抵御能力也较弱，若是感染上某些肠道微生物，使其在肠内大量繁殖，也是导致牛犊消化不良的原因。

二、临床症状

牛犊消化不良通常表现为无精打采，食欲下降，咀嚼缓慢，进食量减少，伴随口臭，眼窝凹陷，严重时全身战栗，站立不稳。还可能出现便秘或腹泻，腹泻一般排水样或粥状粪便，混有小气泡和未消化的饲料，恶臭难闻，颜色呈深红色、黄色等。若是中毒性消化不良则表现出目光僵滞，全身无力，体温升高，频繁排出伴有黏液或血液的、有恶臭味的水样粪便。持续腹泻时，排便失禁，肛门松弛，呼吸短促，体温下降，最终甚至昏迷死亡。

三、防治

1.预防

（1）保证母牛的营养，特别是在妊娠后期，一定要注意多给母牛补充一些富含蛋白质、维生素、矿物质的优质饲料，以保证牛犊能获取足够的营养。

（2）为牛犊提供干净、温暖、干燥的生长环境，特别是母牛的乳腺以及喂奶器具要保持干净，及时消毒。保证新生幼牦牛生下之后1小时内能喝到母乳，6小时内所食的母乳量要高于体重的

5%，如母牛乳量不够，可以采用人工喂乳的方式，少量多次，定时定量。

2.治疗

（1）为了缓解胃肠道的刺激作用，可以让牛犊禁乳8～10小时，在此期间给牛犊饮用250 mL盐酸水溶液（氯化钠5 g、33%盐酸1 mL，凉开水1 000 mL）或者温茶水，每天3次。

（2）为了将肠胃内容物排出，腹泻不严重的病畜可以用油类泻剂或盐类泻剂进行缓泻，内容物排出后，可喂养稀释乳或者人工初乳（鱼肝油10～15 mL，氯化钠10 g，鲜鸡蛋3～5个，鲜牛乳1 000 mL），人工初乳初始应按1∶1.5稀释，过后按1∶1稀释，每日饲喂5～6次。

（3）为了促进消化，可以人工补予牛胃液（空腹健康的牛胃中采集）、人工胃液（胃蛋白酶10 g，稀盐酸5 mL，水1 000 mL，加适量维生素B或维生素C）或者胃蛋白酶。

（4）对于中毒性消化不良的患畜，为了防止其肠道感染，可以肌肉注射链霉素（10 mg/kg）、卡那霉素（10～15 mg/kg）、头孢噻吩（10～20 mg/kg）、庆大霉素（1 500～3 000 IU/kg）、氯霉素（10～30 mg/kg）、痢菌净（2～5 mg/kg），或者可以选择内服呋喃唑酮（10～12 mg/kg）、磺胺脒（0.12 g/kg）、磺胺-5-甲氧嘧啶（50 mg/kg）等。

（5）为了防止肠内发酵，可用乳酸、鱼石脂、萨罗、克辽林等药物。

（6）若腹泻不止，可用明矾、鞣酸蛋白、次硝酸铋、颠茄酊等药物。

（7）为了保持病畜水盐平衡，可适当给病畜饮用生理盐水500～1 000 mL，或者静脉注射10%葡萄糖注射液或者5%葡萄糖生理盐水注射液。

参考文献

[1] 薛增迪，任建存.牛羊生产与疾病防治[M].咸阳：西北农林科技大学出版社，2005.

[2] 卢淮江.牦牛犊消化不良症的防治研究[J].中国牦牛，1994，（4）：35-38.

[3] 王晓艳.初生奶牛犊常见病病因与治疗措施[J].中国畜禽种业，2018，14（9）：80.

[4] 任家存，李秀芳.浅谈中西医结合对奶牛牛犊消化不良症的治疗[J].山东畜牧兽医，2012，33（2）：28-29.

第七节　牦牛子宫脱出症

子宫脱出是指子宫外翻完全或不完全脱出于阴门之外，是兽医临床中的常发病。患病原因很多，常为牦牛自身的原因，或助产的操作不当。母牦牛在分娩过程或分娩后子宫颈未缩小而发生。此病发生后若治疗不及时或治疗不当会造成母牦牛的不孕甚至死亡，从而影响牦牛的繁衍，造成经济损失。

一、病因

牦牛子宫脱出症在高寒牧区牦牛杂交种间发病较多；也多发于营养不良瘦弱的奶牛。以下是牦牛子宫脱出症的主要原因：

（1）牦牛营养不良。妊辰牦牛营养不良，体质下降，致使子宫收缩力差，生产无力。分娩时阴道受到强烈刺激。努责加强，随着胎儿娩出子宫相对出现负压，造成子宫脱出。

（2）难产时助产操作不当。牦牛难产时，产道干燥，而缺乏助产知识的助产人员强行拖出胎儿有极高概率导致牦牛子宫脱出。

（3）胎衣不下，强行牵拉导致子宫脱出。

（4）牦牛的胎盘结。牦牛胎盘是上皮结缔绒毛膜胎盘，胎儿依靠胎盘绒毛从母体汲取营养，联系紧密。在胎膜不易脱出时强行拉出胎膜，也容易造成牦牛子宫脱出。

二、临床症状

（1）子宫套叠。子宫套叠仅从体表不易发现。母畜产后出现不安、努责举尾、尿频和疝痛等症状时，检查阴道常可发现子宫角套叠于子宫颈或阴道内，且易发生浆膜粘连和子宫内膜炎，母牛会出现精神萎靡、食欲不佳等症状。

（2）子宫完全脱出。临床上表现为牛的囊状子宫脱出，形状一般为圆形，向外翻垂于阴门外，而情况严重时，子宫末端可垂至跗关节。若胎衣脱落，子宫则是凹凸不平的，反之子宫光滑。胎衣脱落颜色为暗红色，而时间稍长则呈现紫红色。在一定的时间范围内，子宫翻垂时间越长，子宫的淤血和水肿就越严重。长时间未治疗，会出现子宫组织糜烂，黏膜及组织坏死，并继发腹膜炎、败血症等。

牦牛在子宫脱出后，会出现情绪不稳定、躁动不安、排尿困难、站立困难、饮食少等症状。随着病情的加重，病例体温会升高，呼吸和心跳也会增快，食欲和反刍减少或停止，最后死亡。

三、防治措施

（1）进行手术整复。先用消毒针头乱刺脱出来的子宫的水肿部分，边刺边用消毒好的纱布包好并搓揉、压捏，以便排出污物，直至水肿基本消散，坏死组织完全除净为止。然后，涂上鱼石脂软膏，撒上青霉素，从靠近阴门处着手，两手交替向盆腔内推送子宫，将子宫全部还纳回盆腔，用75%乙醇在阴门周围作环状注射（起强制收缩和局麻作用）。最后，进行手术缝合，隔半个小时后向盆腔内灌注青霉素注射液。在整个治疗过程中，要进行多次反复消毒。

2.加强饲养管理。给予足够且营养丰富的日粮，让牦牛进行适量的运动，增强免疫力。在接产前，防止待产牦牛过度疲劳。接产时，要科学接产，分娩接产时动作应该缓慢，拉出胎儿时要小心，另外，在剥离胎衣时不能强拉。可以选培兽防员学习兽医防治技术，应用正确的助产方法。

3.选择优良牦牛进行参配。可选择高大、两胎以上、体质优良的牦牛进行交配，而不选择初产、瘦小、老龄的牦牛。

参考文献

[1] 马定美.牦牛子宫脱出的防治[J].畜禽业，2014（12）：48-49.

[2] 谭武.牦牛子宫脱出防治[J].四川畜牧兽医，2013，40（02）：51-52.

[3] 彭建琼，赵光.牦牛子宫脱出的治疗[J].养殖与饲料，2014（02）：50-51.

[4] 格松.牦牛常见病的防治措施[J].中国畜牧兽医文摘，2016，32（04）：114.

[5] 马建新.一例母牦牛子宫脱出和直肠脱出的治疗[J].畜牧兽医杂志，2014，33（03）：121.

第八节　食盐中毒

畜禽摄入过量的食盐（氯化钠）能导致中毒，也称为高钠血症或缺水性钠离子中毒。食盐中毒以猪易感性最高，牛也较为常见。食盐的饲喂量不合理是导致患病的主要原因。病例主要症状为常表现饮欲增加，口角出现白色泡沫，可视黏膜充血、发红，少尿，腹泻，表现不安、转圈等行为，严重者出现双目失明、昏迷现象等。其死亡率较高，最急性的病例可在较短时间内死亡。且牛食盐中毒会有后遗症，表现为后肢拖地行走，更严重的病例表现为球关节触地。因此，一旦发现，应该及时治疗。

一、病因

食盐是主要的饲料成分，而其含有的氯化钠是动物机体新陈代谢中不可缺少的物质，对神经肌肉的正常兴奋性、机体的体液渗透压以及酸碱平衡有重要意义，有提高食欲、增强新陈代谢从而促进生长发育的作用，因此在饲喂过程中应严控比例。而盲目使用腌制食品饲喂或者在长期缺盐、"盐饥饿"状态下突然增加食盐的饲喂量，或者饲喂食盐含量不合格的劣质饲料，都会使牛出现食盐中毒现象。牛的中毒剂量一般为 1 ~ 2.2 g/kg 体重，因此，在饲喂前应该保证食盐适量。

二、临床症状

食盐中毒对胃肠道和中枢神经系统的损伤很大，肠道内容物异常干燥，胃肠黏膜出现水肿、充血、出血现象；神经中枢系统发生病理变化，而脑组织最为典型，脑部发生水肿和脑膜炎。因此，病例症状主要由胃肠道和中枢神经系统的病变而引起，根据发病时间主要分为：

（1）急性型：包括流涎、渴欲增加、反胃、腹痛、腹泻，并伴随运动失调和局部麻痹，会有头偏向一侧，四肢曲于腹下，肌肉明显震颤的现象；眼球会出现下凹，视觉受到影响；大量排汗，发出痛苦的呻吟声。有的患牛有时还表现好斗和攻击行为。

（2）最急性型：发病时肌肉震颤，昏迷，倒地，约两天内死亡。在已发生的病例中，病牛从发病到死亡可仅需要大约 40 分钟。因此，发现病例并及时采取救治措施是很关键的。

三、防治

食盐中毒病例发病快，彻底治愈难度大，可能有后遗症，且无有效的药物治疗。因此，预防是减少损失的重要手段。

（1）严格控制食盐饲喂量。在饲喂中可以投喂营养舔砖，让牛自由舔食。在饲喂食盐时，应该将食盐和饲料或者饮水混合。注意腌菜等含食盐量高的食物应多次少量或者掺杂其他食物一起饲喂。

（2）药物治疗。发病牛群要提供足够的新鲜饮用水，注意不可过多。可内服硫酸铜进行催吐，或者使用鞣酸溶液进行洗胃，之后内服白糖用于解毒；静脉注射由 500 mL 的 5% 葡萄糖、2~3 mL 的 5% 维生素 C、樟脑磺酸钠组成的混合药液，注意缓慢注射，牛犊用量应当适当减少。重症病例可以搭配甘露醇医治。

（3）充足的饮用水。保证给予牛群充足的饮用水，这是有效防止食盐中毒的有效手段。

参考文献

[1] 乔扎西，苏辉荣，祁晓霞.一起牦牛食盐中毒的诊治及体会[J].甘肃畜牧兽医，2014，44（08）：75.

[2] 刘珊.畜禽食盐中毒的临床分析、诊断和治疗[J].现代畜牧科技，2020（01）：84.

[3] 王正洪.牛羊食盐中毒的防与治[J].畜牧兽医科技信息，2019（10）：93.

[4] 阿力木努尔·波拉提巴义.如何识别与防治牛食盐中毒[J].当代畜牧，2017（14）：53-54.

[5] 高志卿.育肥牦牛食盐中毒病例的诊断报告[J].2021，57（2）：52.

第九节　牦牛瘤胃酸中毒

牦牛瘤胃酸中毒，又称乳酸中毒、酸性消化不良。由于养殖者过多地饲喂精料或富含谷物等碳水化合物的饲料，摄入的碳水化合物在瘤胃内部聚集并发酵产生了大量乳酸，蓄积的乳酸会引起牛发生以前胃机能障碍为主的全身代谢障碍疾病。病牛食欲不振、消化紊乱、瘤胃运动停止、排出酸臭稀软的粪便，而后将重度脱水，出现高乳酸血症、体温速降等典型症状。若管理不当，牦牛瘤胃酸中毒现象出现概率极高，加之病程急短，死亡率较高，将对牦牛养殖造成巨大的经济损失。

一、病因

牦牛瘤胃酸中毒的主要原因是摄入富含碳水化合物的精料过多、短时间内摄入大量的谷类和豆谷类、采食苹果或甘蔗等发酵不全的酸湿食物过多，或长期饲喂酸度过高的青贮饲料，引起瘤胃内部发酵产生了大量乳酸，进而影响胃机能和牛全身代谢。牦牛瘤胃酸中毒是牦牛养殖中的一种常见病，早期不易发现，且缺乏特异性的早期诊断方法，在临床上发现时一般为晚期。因此，饲养员在饲喂牦牛时应该饲料搭配合理、饲喂规律、饲喂适量。

二、临床症状

随着发病时间的推移，牛瘤胃酸中毒会呈现出不同的特征，主要分为三个时期：

（1）前期，在0～3天发病，开始出现食欲不振、精神不振的现象，严重时，会出现失明、虚弱。若病情稳定，3～4天后可恢复进食。

（2）中期，在1～4天病情进一步发展，病畜精神沉郁，食欲废绝，呆立、不愿走动，喜卧地，步态不稳，肌肉震颤，后躯左右摇摆，目光呆滞。

（3）后期，2~5天病情恶化，心率加快，达80~110次/分，呼吸变快，体温上升；病畜有磨牙，鼻镜干燥，眼结膜充血，眼球塌陷等现象。部分患病牦牛会排出较多酸臭、混有食入精料的稀便。在该患程中，瘤胃会不断扩展，常见左腹部膨大，若不施加治疗手段，瘤胃会因负担过重而停止蠕动。重症病例各项变化出现得更早、更明显。

进食量的多少也会影响病情。有的急性病牛会突然发病，呼吸急促，出现病症1~2天后就死亡，在临死前张口吐舌，高声哞叫，摔头蹬腿，卧地不起，从口内流出泡沫状含血液体。

三、防治

由于该病病程短且急，治疗很有难度，尤其对重症病例而言。因此，要加强对牛瘤胃酸中毒的预防工作。

1.加强饲喂养管理

严格控制日粮搭配，注意精饲料与粗饲料的比例。在饲养过程中，按照正常的标准饲养、喂食，不能够随意加减饲料，且拌料要均匀。在转换饲料过程中，要制订出详细、科学的过渡计划，注意饲喂的过渡过程，应该逐步从粗料转变为精料。

2.药物预防

在饲料中可以加入少量碳酸氢铵、氧化镁等，控制其比例，也可在精料内添加抑制乳酸生成菌的抗生素如拉沙力菌素、莫能菌素、硫肽菌素等，以此有效降低饲料的酸度，真正达到预防的目的。

3.饲养环境管理

应该定期对牛舍、饲养槽进行清扫，做好通风处理，避免牦牛因为饥饿而暴食进而引发疾病。

4.及时清除瘤胃内容物

可以通过洗胃的方式，多用1%氯化钠溶液或者石灰水上清液，反复洗胃，调节瘤胃pH值呈中性为止；对于重症病例，可以选择手术切除，但要注意后期恢复。

参考文献

[1] 红沙.牦牛常见病的防治技术[J].中国畜牧兽医文摘，2015，31（04）：154.

[2] 谢志彬.牦牛瘤胃酸中毒诊断与治疗[J].畜牧兽医科学（电子版），2019（12）：105-106.

[3] 杨永霞.高寒地区育肥牦牛瘤胃酸中毒的治疗[J].中国牛业科学，2018，44（03）：89-90.

[4] 杨锦秀.农区育肥牦牛瘤胃酸中毒的诊治[J].中兽医学杂志，2017（06）：42.

[5] 秦玉峰.牦牛瘤胃酸中毒的诊断与治疗[J].当代畜牧，2017（26）：34-35.

第十节　牛犊肺炎

牛犊肺炎属于呼吸道疾病，是引发牛犊死亡的第二大疾病。患病牛犊的主要病症是明显的呼吸困难，高烧，咳嗽，肺部听诊有异常声音。免疫功能降低或受大量微生物持续感染的牛犊极易患肺炎。该病病因复杂，如果不及时治疗，会影响牛犊的健康和生长发育，严重者会导致死亡，对牦牛养殖造成严重的经济损失。

一、病因

牛犊呼吸道疾病可以由一种或多种微生物与应激、畜舍环境和营养状况相互作用而引起。通常为12～45日龄的牛犊发病，而2月龄以下的牛犊多发，此病发病率高，但具体发病率与发病的影响因素或病原种类有关。

发病的主要因素是初生牛犊的初乳饲喂不科学，饲养管理不得当。气温骤降会使得适应性差的牛犊发病率增加。环境污染使得牛犊感染病菌而发病，常见的引起牛犊肺炎的病原有病毒、细菌或支原体。病毒一般为牛呼吸道合胞体病毒、传染性鼻气管炎病毒、病毒型腹泻病毒、流感病毒Ⅲ型；细菌一般为肺炎链球菌、巴氏杆菌、化脓性棒状杆菌等；而支原体在临床上多出现混合感染。

二、临床症状

牛犊肺炎的临床症状与支气管炎相似，根据发病时间的长短可分为以下两种类型：

（1）急性型：牛犊精神萎靡，出现头部低垂症状，且食欲减退，咳嗽会出现疼痛感。近距离观察患病牛犊可见喘气症状较为严重，鼻孔出现脓性黏液，部分牛犊嘴角出现白沫，呼吸系统异常，会出现腹式呼吸，有时还伴有腹泻症状。患病后，在短时间内牛犊体温明显升高，呼吸咳嗽加剧，部分牛犊体温甚至超出40℃。肺部听诊有明显的干湿啰音。

（2）亚急性型：主要症状为精神沉郁、发烧、体温超过偏高；流鼻涕，稀薄水样或黏稠带脓鼻涕；呼吸困难，咳嗽加剧；生长发育较慢。部分牛犊出现目光呆滞、皮毛粗乱等症状，病程会延续较长时间。肺部听诊有干啰音或者湿啰音。

三、防治

牛犊肺炎还可能引起其他并发症状，其临床症状较为复杂，诊疗难度较大，治疗周期长，因而做好防控工作是关键。

1.加强饲养管理

首先应强化日常饲养管理工作，及时给牛犊饲喂矿物质、蛋白质和维生素等物质，确保营养合理。期间还应做好圈舍通风与清理工作，做好防寒与保温。尤其在冬春季节，牛犊容易因过度拥挤或圈舍内氨气味太重而诱发肺炎。为了彻底消灭病原体，还应及时消毒器具与环境。最后应加强母牛的管理工作，怀孕期间，养殖人员应为牛犊饲喂足量的营养物质与维生素，避免因缺乏维生素而导致早产，强化牛犊体质。生产后为避免母牛出现乳腺炎、子宫内膜炎等，还应及时用药，及时治疗。

2.进行药物治疗

若出现牛犊病例，应及时做好隔离工作，并采取治疗。西药治疗：土霉素、葡萄糖加强心补液静脉注射；中药治疗：可以灌服双黄连口服溶液，连续几天喂药，起到消炎、止血、平喘、止咳和增强免疫力的作用。

3.初乳的巴氏消毒与饲喂后的检查

巴氏灭菌法可以有效地杀灭一系列病原菌，包括沙门氏菌、大肠杆菌、副结核菌、结核菌、牛型结核菌、李斯特菌。通过适当的巴氏灭菌法，可以有效地减少废弃牛奶和初乳中上述细菌的数量，提高血液免疫球蛋白（IgG）水平，促进牛犊健康。因此，建议初乳进行巴氏消毒，60℃，保持30分钟。同时，应该进行初乳饲喂后的被动免疫检查。初乳饲喂后2～3天采集牛犊血清，用血清蛋白折光仪检查血清总蛋白含量，读数在5.5 g/dL以上合格。

4.抗生素奶的饲喂

可用抗生素奶饲喂牛犊，但由于抗生素奶的蛋白及脂肪相对常乳较低，因而要注意巴氏消毒的温度控制，防止过多的蛋白变性。经过巴氏消毒，可杀死牛奶中各种生长型致病菌，经消毒后残留的细菌多数是乳酸菌，而乳酸菌不但对动物体无害反而有益健康。但杀菌的基本原则是，能将病原菌杀死即可，温度太高会有较多的营养损失，造成牛犊营养不良，抵抗力降低，肺炎等疾病高发。

参考文献

[1] 谢倩茹，童胜涛，邵咏旋，等．牛呼吸道感染细菌病原的致病机理与防控研究进展［J］.中国兽医学报，2016，（12）：2183-2188.

[2] 刘海烽．牛犊肺炎的发病特点、临床症状及防治措施[J].现代畜牧科技，2019（06）：140-141.

[3] 邢延军，刘利．新生牛犊肺炎的治疗及防治措施[J].农民致富之友，2019（15）：59.

[4] 汪华君．牛犊肺炎的防治措施[J].江西农业，2019（12）：52.

[5] 梁彩云，刘建岐，马建明．新生牛犊肺炎的治疗及防治措施[J].中国畜禽种业，2019，15（10）：86.

[6] 陈立军，刘闯．牛犊肺炎的症状与防治[J].当代畜牧，2014（27）：15-16.

[7] 米拉迪力．艾麦尔．对牛犊肺炎的诊疗体会[J].兽医导刊，2020（01）：83.

[8] 张玉霞．新生牛犊肺炎的治疗及防治措施[J].吉林畜牧兽医，2020，41（01）：46-47.

第十一节　新生牛犊胎粪停滞

新生牛犊胎粪停滞又称为便秘，主要是指牛犊出生后1~2天，因秘结而不排胎粪，并伴有腹痛病症。患病原因主要是母体初乳品质不佳，或缺乳、无乳以及牛犊自身体质虚弱。初生牛犊抵抗力差，容易患病，饲养者掌握饲养技术和预防技术，就可以降低牛犊的死亡率，从而提高经济效益。

一、病因

春季是母牛妊娠生产牛犊的旺季，因此也是胎粪难下的高发季节。

引起初生牛犊便秘的原因是多方面的，主要有：

（1）母牛发生难产，产期过长导致初生牛犊体质虚弱；

（2）母牛怀孕期间营养不良导致产后泌乳缺乏，初生牛犊无母乳吃；

（3）母牛怀孕期间营养不良使得牛原发性体弱。

二、临床症状

新生牛犊胎粪停滞的临床表现为精神沉郁，吃奶较少或不吃奶，因肠便秘而腹痛不安。有时表现努责、拱背、出汗、站时拉腰、卧地不起，卧时两后肢蹬踢，有频繁的排粪姿势却很少排粪，偶尔会排出少量泥色黏粪，而有的牛犊在排便时大声鸣叫。脉搏加快，听诊肠音减弱或消失。由于粪块堵塞肛门，继发肠膨胀。便秘严重的牛犊口舌红，呼吸急促，体温上升，右腹有轻度震水音，卧地呻吟。

三、防治

新生牛犊胎粪停滞病例很少见，如果预防得当，一般不会发生，提前采取措施是预防新生牛犊出现便秘的重要手段。

1.加强母牛饲养管理

孕期母牛应该适量增加运动量，减少难产的发生，保证顺产。母牛的饲料应该营养全面，保证胎儿的正常发育。母牛泌奶期粗精饲料搭配要合理，并辅以青绿多汁饲料，使牛犊在母体中获得比较均衡的营养。

2.加强初生牛犊管理

第一，应注意产后牛犊保温问题；第二，及时饲喂初乳。初生牛犊胃肠黏膜不发达，对细菌的抵抗力较弱，而初乳可以覆盖于胃肠黏膜上，阻止细菌的侵入，增强抵抗力。其次，初乳中含有溶菌酶和免疫球蛋白，且酸度较高，可使胃内呈酸性环境，可以抑制细菌的繁殖。另外，初乳还能促进真胃分泌消化酶，从而使胃肠机能完善，且含有较多镁盐，促进胎粪排出。新生牛犊应该在出生后1小时内及时饲喂适量初乳，一般不低于500 mL。

3.药物治疗

若胎粪滞留较长，可能引起肠道炎症，可以配合消炎药物和维生素C进行治疗。也可进行中药治疗，使用补元气的当归45 g、人参10 g，水煎进行多次灌服。食积化热可以使用中药牵牛子和大黄，研磨进行冲调灌服。还可以进行穴位注射。

4.灌肠导便

可热敷和按摩腹部减轻腹痛。服用以上药物再灌注植物油，或取蜂蜜200 mL，大蒜捣泥50 g，加温水混匀灌肠帮助胎粪排出。

参考文献

[1] 志刚.新生牛犊胎便停滞怎么办[J].北方牧业，2006（13）：21.

[2] 杨学斌，杨双全.新生牛犊胎粪难排的治疗[J].云南畜牧兽医，2015（01）：31.

[3] 武占军，杨学颖，辛淑梅，等.牛犊胎粪难排出的诊治及预防[J].中国畜禽种业，2013，9（11）：62.

第十二节　牛犊脐炎及脐疝

牛犊的脐带长度一般为30～40 cm，是连接胎盘和胎儿的细带，外膜是羊胎，构成羊膜鞘，里面是脐血管（包括脐静脉和脐动脉）、脐尿管。在生产的时侯，脐带就会断离，牛犊脐带残段一般会在几天后逐渐干燥并脱落，结缔组织形成的瘢痕会封闭脐孔。但新生牛犊常会发生脐炎和脐疝，这是由于脐带出现异常或者感染引起的。

一、病因

1.脐炎

脐带断端的环境适合病原微生物的生长、繁殖。牛犊出生后脐带残段一般会在几天后干燥脱落，在此期间如果没有进行严格消毒或者完全没有消毒，脐带残段受到污水污染、尿液浸渍、细菌感染等，都能够诱发脐炎。

2.脐疝

常见的原因主要是牛犊脐部先天性缺损、脐部发炎及脐部受到其他损伤，导致脐孔的闭合状态差或者很难闭合，一旦牛犊发生摔跌或者强力挣扎的时候，其腹内压会急剧增高，从而导致腹腔内脏器官通过脐孔脱出至皮下而形成疝。或断脐的方法错误，导致腹内压升高，形成脐疝。遗传性疾病是脐疝的先天性病因，纯种繁育的牛犊群中发生脐疝的情况比较多，近亲交配发病的概率更大。大多先天性脐疝的牛犊在出生后几个月症状就会逐渐消失，仅有很少牛犊的脐疝呈逐渐增大的趋势。

二、临床症状

1.脐炎

发病初期仅见牛犊食欲降低，消化不良，随病程延长，牛犊精神沉郁，体温升高至40～41℃，患犊多不愿走动，检查脐带可见脐带断端或脐周围湿润、肿胀。触诊脐部患犊疼痛，在脐带中央及其根部皮下，可以摸到如铅笔杆或手指粗的索状物，或流出带有臭味的浓稠脓汁。重症时，肿胀常波及周围腹部，脐部肿大如拳头或皮球，界限清楚，穿刺可流出脓汁。

2.脐疝

一般来说，患病牛犊不会表现出明显的全身症状，且精神状况以及食欲、饮欲都正常。但如果形成嵌闭性脐疝，病牛往往会表现出明显躁动，少数则会表现出全身症状，如食欲不振或完全丧失，精神萎靡，停止反刍，磨牙，经常卧地。牛犊脐疝通常呈拳头大小，并可逐渐增大至接近小儿头部，表现为脐部发生局限性膨胀，呈球形，触感柔软，有时也会比较紧张，但没有炎症现象。

三、防治

1.脐炎的治疗

治疗脐炎的原则主要是消除炎症，避免炎症转移。

脐炎发生的初期，可在脐孔周围皮下分点注射0.5%普鲁卡因青霉素溶液，并用5%碘酊对局部进行消毒，大多数患犊可以治愈。当脐炎形成化脓性瘘管时，可用3%双氧水或0.1%新洁尔火液冲洗瘘管内的脓汁，去除坏死的脐带碎片，然后注入魏氏流膏或碘甘油，但往往效果不好。根治方法是手术摘除化脓性瘘管，应用速眠新麻醉，每100千克体重1 mL，肌内注射，术部按常规剃毛、清洗、消毒。在脐部增生的索状组织处，平行索状组织做一皮肤切口，剥离皮肤与索状组织的联系，尽量向索状组织的近心端剥离，显露出健康组织，然后在健康组织上切断，完整摘除化脓性瘘管。创内用生理盐水冲洗后，缝合皮肤切口。

2.脐疝的治疗

（1）结扎法：当脐疝较小时（小于3 cm）可采用结扎法。将病犊仰卧固定，将疝内容物整复至腹腔内，先进行局部麻醉，再进行无菌操作。将一根针沿着疝的基部刺入，再用另一根针呈垂直刺入。然后用粗结扎线在两针基部与下腹壁之间绕过，结扎。此法虽也能起到一定效果，但容易复发，易造成人为感染。

（2）药物疗法：脐疝较小时，可用15～20 mL 95%酒精或5%氯化钠，分点注射到疝轮周围的肌肉内，利用药物的作用使注射点肌肉肿胀压迫内容物，此法在与疝囊无粘连的情况下适用。

（3）手术疗法：如果以上方法治疗效果不明显或脐疝直径较大时，可使用手术治疗。术前牛犊停食，降低腹压。病牛做横卧固定，在疝气囊基部靠近脐孔处画预备切线。术部剪毛并进行局部麻醉，做与躯干长轴平行的皮肤切口，分离皮肤与疝囊，将疝囊充分暴露，分离疝囊与内容物的粘连（分离时注意用钝器进行分离，以防伤及内容物），将增厚的皮肤先作一个小的切口，术者以左手的食中二指伸入疝气囊内保护肠管，右手持刀在食中二指间将整个疝气囊切开，将疝囊还纳至腹腔后缝合（在缝合时需注意不要将肠管缝住）。因此，对于疝轮已增厚不光滑的病例，切开皮肤后要将增生的疝轮用手术刀削薄，形成新鲜创面，皮肤结节缝合。对术后牛犊，不能饲喂过饱，也不宜做剧烈运动，可用碘酊擦布于伤口周围并用宽纱布包扎以防止伤口感染。

四、预防措施

应经常保持产房、产圈和牛犊舍清洁干燥，并定期严格消毒。牛犊断脐后的脐带断端用 5%～10% 碘酒消毒，为促使脐带迅速干燥，可对脐带断端用干燥消毒剂干浴，如采用密斯脱或麦特爽粉对脐带断端进行干浴。为防止牛犊互相吸吮脐带，有条件的可单独饲养。对有吸吮其他牛犊脐带习惯的牛犊，可给其戴上防吸吮圈。

参考文献

[1] 马海东.牛犊脐炎与脐疝的病因、诊断要点和综合疗法[J].现代畜牧科技，2019（11）：61-62.

[2] 孙志强.牛犊脐炎发生、诊断和防治措施[J].中国畜禽种业，2018，14（03）：69.

[3] 卡那提别克·巴扎尔别克.牛犊脐炎的诊断与治疗[J].当代畜牧，2016（26）：64.

[4] 张建凯.牛犊脐炎与脐疝的诊断与治疗[J].当代畜牧，2015（35）：89-90.

第十三节　牦牛有毒牧草中毒症

在养殖区牧草缺乏时，牦牛常因误食萌发较早的有毒牧草（毒芹、棘豆草等）而中毒，特别是幼牦牛中毒较多。牦牛一般在食毒草一小时后会出现中毒症状，轻者食欲不振，口吐白沫；重者走路摇晃，呼吸加重，起卧不安。

一、病因

在青草萌发或者缺草时，牦牛误食有毒牧草（如毒芹、棘豆草等）而引起中毒。

二、临床症状

1.棘豆草

棘豆草中毒的病牛对外界刺激反应敏感，出现头晕目眩、四肢乏力、视力障碍等症状。病程可长达4~5月之久。

2.毒芹

牦牛误食毒芹后会引起呼吸困难、心力衰竭、肌肉痉挛等症状，对死亡病例解剖可发现内脏器官出现充血、出血、水肿等。

三、防治

在放牧时，尽量远离有毒牧草区域，也可在放牧前适当给牦牛喂一定的饲料，防止牦牛饥不择食误食毒草。发现中毒后，立即用0.5%~2.0%鞣酸洗胃，每隔30分钟洗1次，连洗数次，也可灌服5%~10%稀盐酸，成牛1 000 mL，牛犊500 mL。对中毒严重的牦牛，可切开瘤胃，取出含毒内容物，之后应用吸附剂或缓泻剂。可应用强心剂维持心脏功能。

参考文献

[1] 王欣，李伟丽.草食家畜三种毒草中毒及诊治[J].现代畜牧科技，2017，（3）：88.

[2] 侯玉峰，肖强.家畜采食几种有毒植物中毒的防治[J].养殖技术顾问，2011（06）：126.

[3] 洛桑.牛病常用治疗方法[J].兽医导刊，2019，（18）：150.

第十四节　牦牛子宫内膜炎

牦牛子宫内膜炎，是受病原微生物感染而引起的疾病。根据病程缓急，有急性和慢性之分。感染后的病牛子宫内膜有脓性或黏液性炎症。这些炎性物质有毒，能致死精子和胚胎，是导致母牛长期不孕的关键因素之一。因此，重视牦牛子宫内膜炎的预防和治疗，对恢复牦牛生产机能，提升养殖经济效益大有好处。

一、病因

（1）助产不当，产道受损；产后子宫弛缓，恶露蓄积；对流产、难产、子宫脱出、阴道炎等症处理不当，治疗不及时而继发。

（2）配种时操作不当、消毒不严，如输精时器械对子宫的损伤，牛外阴部、环境消毒不严等。

二、临床症状

根据病程长短，此病可分为急性子宫内膜炎、慢性子宫内膜炎、黏液性子宫内膜炎等。

1.急性子宫内膜炎

此病型最为常见，典型症状有：子宫内恶露排不出，导致子宫内大量致病菌滋生，化脓的分泌物滞留在子宫腔内，无法及时排出，从而形成内膜炎症。此类症状最明显，体温随之上升，情绪不安定，精神萎靡，食欲不振，阴道有大量的黏液流出。

2.黏液性子宫内膜炎

此病型多数呈隐性经过，表现症状不明显，体态瘦弱，舌苔淡紫色。发情时阴门有白色分泌物流出，子宫内壁收缩能力较差，质地松软，但子宫的大小没有显著的变化。

3.慢性子宫内膜炎

此病型一旦临床表现出明显的症状，则表明病情愈发严重。表现为：体温升高、机体消瘦、食欲不振、反刍减少、舌苔偏红。发病周期性不稳定，随着病情加剧，发情的频率逐渐降低，阴道有大量黏液性分泌物流出。检查阴道部，质地松弛，子宫收缩减弱，子宫角明显变大。

三、防治

1.西药疗法

西药疗法的根本是促进炎性分泌物排出，改善子宫内血液循环，促进子宫机能康复。通常以局部治疗为主，个别病情较重的急性病例，可配合抗菌类药物对症治疗。对急性子宫内膜炎，用金霉素每次1 g，经150 mL生理盐水充分溶解后，1次灌注子宫腔内，每两天用1次，直到子宫内液体变透明为止。伴发热症状的，可用抗生素对症治疗。慢性子宫内膜炎，用0.1%高锰酸钾溶液，每次250~300 mL溶解后冲洗，直到排出清液。为促进子宫内液体排出，可尝试用麦角新碱或催产素等促子宫收缩类药物。

2.中药疗法

根据病理、病原等情况的不同，可采取不同程度的中药疗法治疗。比较常见的中药处方有生化汤，处方：甘草15 g，桃仁20 g，红花、当归各25 g，上述用水煎熬取汁，或者直接研磨成粉服用，每天1次，连续用3～4天，配合西药抗生素治疗效果不错。

3.物理疗法

物理疗法适用于辅助治疗，通常情况下，子宫呈紧闭状态时，不要进行子宫外按摩。待到呈张合状态时，可尝试用物理按摩的方法。通过按摩能刺激子宫肌肉张力变大，刺激子宫内分泌物的排出，一般每3～5天要按摩1次，效果会更好些。

在预防上，要合理饲喂，增加矿物质、维生素等营养物质，增强牛体抵抗力。搞好防疫、卫生和消毒工作，安全接产，防止感染。严格把控配种环节，对分泌物不正常的母牛，坚决不能配种，要等治疗以后再配。一旦发病应及时治疗，拖延时间越长，治疗效果越差。

参考文献

[1] 巴桑吉.牦牛子宫内膜炎的疾病治疗[J].兽医导刊，2019，（2）：145.

[2] 张育红.牦牛子宫内膜炎诊断及治疗[J].中国畜牧兽医文摘，2018，34（6）：319.

[3] 普拉.牦牛子宫内膜炎调研诊治[J].中国畜牧兽医文摘，2018，34（6）：314.

附　录

附录一　牦牛主要疫病防治技术规范

前　言

本标准按照GB/T1.1-2009和《标准化工作导则第1部分：标准的结构和编写》给出的规则起草。本标准由甘孜藏族自治州动物疫病预防控制中心提出。

本标准由甘孜藏族自治州农牧农村局归口。

本标准起草单位：甘孜藏族自治州动物疫病预防控制中心。

本标准主要起草人：陈和强　张朝辉　徐林　计慧姝　杨怀珍　彭玉婷　益西　李劲　唐川　余劲

牦牛主要疫病防治技术规范

1 范围

本标准规定了牦牛主要疫病预防、监测、控制和扑灭的兽医防疫技术。

木标准适用于甘孜州牦牛的主要疫病防治。

2 规范性引用文件

下列文件对于本文件的应用是必不可少的。凡是注日期的引用文件，仅所注日期的版本适用于本文件。凡是不注日期的引用文件，其最新版本（包括所有的修改单）适用于本文件。

GB 16549 畜禽产地检疫规范

GB 16567 种畜禽调运检疫技术规范

GB 16548 畜禽病害肉尸及其产品无害化处理规程

GB/T 16569 畜产品消毒规范

GB/T 18646《动物布鲁氏菌病诊断技术规程》

DB51/T 476《牲畜口蹄疫防治技术规范》

DB51/T 782《家畜炭疽防治技术规范》

DB51/T 575《牛羊猪布鲁菌病防治技术规范》

DB51/T 1105《动物棘球蚴病(包虫病)防治技术规范》

《中华人民共和国动物防疫法》

《中华人民共和国畜牧法》

《中华人民共和国农产品质量安全法》

《中华人民共和国草原法》

《中华人民共和国兽用生物制品质量标准》

《兽药管理条例》

《饲料和饲料添加荆管理条例》

《种畜禽管理条例》

3 术语和定义

下列术语和定义适用于本文件。

3.1 牦牛 Yak

哺乳纲、偶蹄目、牛科、牛属、牦牛种，是世界上生活海拔最高的哺乳动物。在甘孜州18个县（市）均有不同程度的分布。

3.2 预防性驱虫 Preventive deworming

根据当地寄生虫病的流行规律，按照预先拟订的驱虫计划，在每年的一定时间进行驱虫工作。

3 3 治疗性驱虫 Therapeutic deworming

以治疗一种或多种寄生虫病为目的进行的驱虫。

4 主要疫病

口蹄疫（foo-and-mouth disease）、炭疽（anthrax）、布鲁菌病（brucellosis）、巴氏杆菌病（pasteurellosis）、沙门氏菌病（salmonellosis）、棘球蚴病（echinococcus disase）、线虫（nematode）、吸虫（trematode）、焦虫（the focal worm）等。

5 环境卫生条件

结合甘孜州实际，天然草场、人工草场应除毒杂草，棚圈、用具进行定期消毒，污水、污物处理应符合国家环保标准，防止污染环境。

6 主要疫病防治技术

6.1 疫苗使用

牦牛免疫应按照《中华人民共和国动物防疫法》及其配套法规的要求，实施计划免疫。使用疫苗等生物制品时应符合《中华人民共和国兽用生物制品质量标准》的规定。

6.2 消毒规则

建立科学的消毒程序和制度，定期对圈舍、用具、环境消毒。宜使用消毒防腐剂对饲养环境、圈舍和器具消毒。消毒应按GB/T 16569的规定执行。

6.3　调运检疫

养殖场（小区）内，应坚持自繁自养，确需引进牦牛时，应从非疫区引种，应按 GB 16567 的规定进行检疫，经隔离观察 15～30 天后由县级动物防疫部门确定健康合格后方可合群饲养。

牦牛离开饲养地前，应按 GB 16549 的规定进行产地检疫。

7　兽药使用

用于预防、治疗、诊断疾病的兽药及生物制品应来自具有《兽药生产许可证》和产品批准文号的生产企业或者具有《进口兽药许可证》的供应商，符合《中华人民共和国兽用生物制品质量标准》、《兽药质量标准》、《兽药管理条例》的规定。

不应使用《食品动物禁用的兽药及其化合物清单》中所列的和其他禁用兽药或人用药物，不应使用未经国家畜牧兽医行政管理部门批准作为兽药使用的药物。

8　传染病防治技术

8.1　口蹄疫

应按照 DB51/T 476 的规定执行。

8.2　炭疽病

应按照 DB51/T 782 的规定执行。

8.3　布鲁氏菌病

应按照 DB51/T 575 的规定执行。

8.4　巴氏杆菌病

8.4.1　诊断

可根据病理变化进行鉴别诊断，如有需要可进行实验室监测。

8.4.2　预防

加强饲养管理，提高抵抗力。经常发生牛出血性败血症的地方，要坚持注射牛出败疫苗。确定牛发生牛出败病后，对村寨里的牛，也要进行紧急预防注射，防止扩散。

8.4.3 治疗

病牛可用磺胺嘧啶钠静脉注射，每天2次，连续注射3天。重症病牛在用磺胺药物的同时，肌肉注射青霉素钾，四环素配葡萄糖注射液静脉注射疗效也较好。

8.5 沙门氏菌病

8.5.1 诊断

根据流行特点、临床症状及病理变化进行综合分析，可做出初步诊断。确诊需进行细的分离培养和鉴定，或采用荧光抗体技术进行诊断。

8.5.2 预防

加强饲养管理，消除发病诱因，保持饲料和饮水的清洁、卫生。牛群一旦发病，应立即隔离治疗病牛和带菌牛，对其停留过的场地、圈舍和使用过的用具等进行消毒，死亡牛深埋或焚烧；疫区可选择牛犊副伤寒疫苗进行预防接种。

8.5.3 治疗

抗血清治疗，抗沙门氏杆菌病血清100 mL～150 mL，肌肉注射。

药物治疗，氯霉素，每千克体重口服20 mg，每天4次，连服4天，初次剂量加倍。磺胺甲基异恶唑，每千克体重每天20～40 mg，分2次口服。呋喃唑酮，每千克体重每天10 mg，分2次口服，连用1周。由于沙门氏杆菌常出现耐药菌株，使用一种药物治疗无效时，可换另一种药。有条件的最好先做药敏试验。

9 主要寄生虫病防治技术

9.1 驱虫药物选择

临床上一般采取组合用药对不同虫种进行驱虫，以达到较为理想的驱虫效果，根据流行特点可选用长效伊维菌素组合丙硫苯咪唑片、硝氯酚组合阿维菌素、双羟萘酸噻嘧啶组合吡喹酮、阿苯达唑组合伊维菌素、阿维菌素组合氯氢碘硫铵钠等。

9.2　棘球蚴病（包虫病）

应按照DB51/T 1105的规定执行。

9.3　消化道线虫病

9.3.1　症状

各类线虫的共同症状，主要表现明显的持续性腹泻，排出带黏液和血的粪便；幼畜发育受阻，进行性贫血，严重消瘦，下颌水肿，还有神经症状，最后虚脱而死亡。

9.3.2　诊断

本病诊断多采取综合诊断（如：流行病学、临床症状、既往病史、尸体剖检、粪便检查、虫卵数量等）。

9.3.3　防治

宜改善饲养管理，合理补充精料，棚圈要通风干燥，加强粪便管理，防止污染饲料及水源。牛粪应放置在远离牛舍的固定地点堆肥发酵，以消灭虫卵和幼虫；根据病原微生物特点的流行规律，不宜在低洼潮湿的牧地上放牧。不宜在清晨、傍晚和雨后放牧，防止第三期幼虫的感染；每年5～6月和11～12月合理使用驱虫药物进行驱虫。

9.4　肝片吸虫

9.4.1　症状

主要表现为慢性渐进性消瘦，食欲不振或异嗜，下痢，周期性瘤胃鼓胀，前胃迟缓，被毛无光，贫血消瘦，如果有继发感染时，机体会加速衰弱，加速死亡。成年牛感染后生产力下降，牛犊感染后生长发育受阻。

9.4.2　诊断

本病无特异性临床症状，只靠症状不易诊断，应将临床诊断与粪便检查结合起来，采用显微镜检查有无虫卵，才能确诊。

9.4.3 防治

加强饲养管理，尽量选择干燥、通风、向阳的地带进行放牧，饮水选择干净、流动的河水；每年5月～6月和11月～12月合理使用驱虫药物进行驱虫。

9.5 肺线虫

9.5.1 诊断

在流行地区的流行季节，注意本病的临床症状。主要是咳嗽，但一般体温不高，在夜间休息时或清晨，能听到牛群的咳嗽声，以及拉风匣似的呼吸声，在驱赶牛时咳嗽加剧。病牛鼻孔常流出黏性鼻液，并常打喷嚏。被毛粗乱，逐渐消瘦，贫血，头、胸下、四肢可有水肿，呼吸加快，呼吸困难。牛犊症状严重，严寒的冬季可发生大批死亡。成年牛如感染较轻，症状不明显，呈慢性经过；用粪便或鼻液做虫卵检查，如发现虫卵或幼虫，即可确诊；剖检病死牛时，若支气管、气管黏膜肿胀、充血，并有小出血点，内有较多黏液，混有血丝，黏液团中有较多虫体、卵或幼虫，也可确诊。

9.5.2 防治

强饲养管理，尽量选择干燥、通风、向阳的地带进行放牧，饮水选择干净、流动的河水；经常打扫圈舍，粪尿、污物要发酵，以杀死虫卵；每年5月～6月和11月～12月合理使用驱虫药物进行驱虫。

9.6 牛皮蝇蛆

9.6.1 诊断

幼虫在皮下移行时形血肿、窦道，最后形成结缔组织包囊，继而化脓菌侵入，形成脓肿，初时可摸到硬结，继而出现肿胀、小孔及流出的脓汁痂块等。在幼虫近于成熟小孔较大时，用力在四周挤压，可使虫体蹦出。

9.6.2 防治

加强饲养管理，灭蝇；每年5～6月和11～12月合理使用驱虫药物进行驱虫。

9.7 牛焦虫

9.7.1 诊断

根据临床症状结合实验室镜检可确诊。

9.7.2 防治

加强饲养管理，不到有蜱的牧场放牧，对圈舍定期消毒灭蜱；每年5~6月和11~12月合理使用驱虫药物进行驱虫。

9.8 驱虫注意事项

9.8.1 粪便处理

驱虫后排出的粪便进行无害化处理。

9.8.2 驱虫要求

不同年龄的牦牛应每年定期驱虫，重点对1~2岁的牦牛驱虫。

10 病死牛无害化处理

应参照GB 16548的规定执行

11 疫病防治档案建立

11.1 建立档案

应建立主要疫病防治档案，并佩戴耳标，严格录入信息，确保牦牛养殖的可追溯性。

11.2 免疫、驱虫档案

建立并保存牦牛的免疫、驱虫的档案记录。牦牛免疫档案见附录A、牦牛驱虫档案见附录B。

11.3 兽医处方、用药记录

建立和保存患病牛的全部兽医处方和用药记录。兽医处方笺见附录C、用药记录见附录D。

附录A

（资料性附录）免疫档案

本附录提供了牦牛免疫档案记录见表A.1

表A.1 牦牛免疫档案记录表

县乡村免疫档案记录免疫接种时间：　　　　年　　月　　日

户主姓名	养殖数量	免疫数量	疫苗名称	生产厂家	生产批号	有效期	免疫途径	免疫剂量	免疫人员	备注
免疫说明：应严格按照免疫说明书要求进行免疫。										
填表说明：字迹清晰、严禁涂改。										

附录B

（资料性附录）驱虫档案

本附录提供了牦牛驱虫档案记录见表B.1

表B.1　牦牛驱虫档案记录表

县乡村畜主名：

驱虫时间	耳标号	驱虫药物	生产厂家	批号	有效期	有效成分	驱虫方法	备注
驱虫说明：应严格按照驱虫药说明书要求用药。								
填表说明：字迹清晰、严禁涂改。								

附录C

（资料性附录）兽医处方笺

本附录提供了牦牛兽医处方档案记录见表C.1

表C.1　兽医处方笺

处方笺	
动物主人/饲养单位	
档案号	
动物种类	
动物性别	
体重/数量	
年（日）龄	
开具日期	
诊断：	Rp:
职业兽医师注册号发药人	

附录D

（资料性附录）用药记录

本附录提供了牦牛用药档案记录见表D.1

表D.1　用药记录表

县乡村畜主名：

圈舍号	耳标号	发病时间	治疗时间	症状	用药	剂量	疗程	生产厂家	生产批号	有效期	有效成分

用药说明：应严格按照药物使用说明书要求用药。

填表说明：字迹清晰、严禁涂改。

附录二　牦牛常用疫苗使用技术规范

前　言

本文件按 GB/T 1.1－2020《标准化工作导则第 1 部分：标准化文件的结构和和起草规则》的规定起草。

本文件由青海省农业农村厅提出并归口。

本文件起草单位：青海省动物疫病预防控制中心。

本文件起草人：宋永鸿、蔡金 ft、张正英、赵永唐、阚威、胡广卫、沈艳丽、王晓润、黄龙、沈得贵、孙璐、孙生祯、李敏、宋永清、方福红、胡延寿。

本文件由青海省农业农村厅监督实施。

牦牛常用疫苗使用技术规范

1　范围

本文件规定了口蹄疫疫苗、布鲁氏菌病疫苗、牛多杀性巴氏杆菌病灭活疫苗、牛炭疽疫苗、牛病毒性腹泻/黏膜病疫苗、牛副伤寒灭活疫苗和牛肉毒梭菌病疫苗的使用方法。

本文件适用于牦牛种畜场、牦牛规模养殖场及散养牦牛的常用疫苗的使用。

2　规范性引用文件

本文件中没有规范性引用文件。

3　术语和定义

下列术语和定义适用于本文件。

3.1　疫苗

用微生物（细菌、病毒、支原体、衣原体、钩端螺旋体等）、微生物代谢产物或者微生物组分、原虫、动物血液或组织等，经加工制成，作为预防、治疗特定传染病或者达到其他特定目标（如预防癌症、绝育、减肥等）其他有关疾病的生物制剂。

3.2　活疫苗

又称弱毒苗，把致病微生物用各种物理或化学方法进行人工处理使其丧失或大幅度降低致病性，或从自然界筛选和致病微生物相同种类但没有或很小致病力的微生物制成的并且能够在接种动物体内增殖的疫苗。

3.3　灭活疫苗

经人工手段（物理、化学等方法）处理后，丧失感染性不能在接种动物体内增殖的疫苗。

4　常用疫苗

4.1　口蹄疫疫苗：口蹄疫 OA 型二价灭活疫苗，口蹄疫 A 型灭活疫苗，口蹄疫 O 型灭活疫苗。

4.2　布鲁氏菌病活疫苗：布病 S2 活疫苗。

4.3　牛多杀性巴氏杆菌病灭活疫苗。

4.4　牛炭疽疫苗：无荚膜炭疽芽孢疫苗，Ⅱ号炭疽芽孢疫苗。

4.5　牛病毒性腹泻/黏膜病疫苗。

4.6　牛副伤寒灭活疫苗。

4.7　牛肉毒梭菌病疫苗。

5　运输保存

5.1　牦牛常用疫苗的运输全过程应始终处于规定的温度环境。活疫苗应在-15℃以下保存，灭活疫苗在 2～8℃保存。

5.2　疫苗运输全程冷链，并定时监测，记录温度。

5.3　各级动物防疫部门要指定专人为疫苗专管员,配备疫苗专用储存设施,如冷库(包括活动冷库)、冰柜、冰箱和保温箱等。

5.4　疫苗按要求分类放置,应专苗专放,不得混放。疫苗冷库要保持清洁,防鼠防潮防污染。

6　注射技术

6.1　口蹄疫疫苗注射和使用方法见附录 A。

6.2　布鲁氏菌病活疫苗注射和使用方法见附录 B。

6.3　牛多杀性巴氏杆菌病灭活疫苗注射和使用方法见附录 C。

6.4　牛炭疽疫苗注射和使用方法见附录 D。

6.5　牛病毒性腹泻/黏膜病疫苗注射和使用方法见附录 E。。

6.6　牛副伤寒灭活疫苗注射和使用方法见附录 F。

6.7　牛肉毒梭菌病疫苗注射和使用方法见附录 G。

7　注意事项

7.1　使用疫苗预防牦牛疫病时,应结合当地牦牛疫病的流行病学调查结果和强制免疫计划进行疫苗的预防接种。

7.2　疫苗的使用应在兽医技术人员监督指导下进行。使用前,应先使疫苗恢复至室温,并充分摇匀。

7.3　疫苗的使用仅限于健康牦牛,患有慢性病、瘦弱、怀孕后期的牦牛不应使用。

7.4　下列情况不应使用疫苗:

——包装无法识别;

——超过有效期;

——经检验不符合兽用生物制品生产和检验报告;

——来源不明的疫苗;

——包装破损,说明书与瓶签不符的疫苗。

7.5　疫苗注射选用一次性注射器或消毒后的注射器及针头,做到一畜一针,不得交叉使用。

7.6　注射疫苗过程中,发现疫苗有质量问题,应立即停止使用，并向同级或上级兽医行政主管部门报告，并保存同批次产品备查。

7.7　注射疫苗时，防疫注射人员应做好个人生物安全防护。

7.8　疫苗注射后，防疫注射人员的防护衣物、工具、器械、疫苗空瓶等，都应严格消毒无害化处理，不应随意抛弃。

7.9　建立并保存牦牛的免疫程序记录。

8　疫苗储存保管及使用管理

8.1　牦牛疫苗储藏应有专人管理，办理出入库登记，建立出入库明细账，做到日清月结，账物相符，年底或防疫年度结束，应盘查清库。具体使用表格参见附录H。

8.2　各级专业人员严格按照青海省疫病防控数据平台中的疫苗管理系统做好数据对接录入工作，做好疫苗的网上接受下拨和可追溯管理。

a）结合全省春季、秋季防疫工作，借助省级兽药疫苗登记系统平台，将牦牛常用疫苗所有信息，在省级兽药疫苗登记系统进行登记；

b）各州、市、区、县动物疫病预防控制中心，各乡镇畜牧兽医站通过疫病防控数据平台电脑端，对牦牛常用疫苗进行下拨，签收，报废，初始库存填报等，同时形成详细纸质记录，汇总数据；

c）基层防疫员通过疫病防控APP端（防疫业务系统手机APP），对牦牛常用疫苗进行签收。当防疫员进行免疫作业时，在手机小程序中输入（若有记录则选择即可）养殖户基本信息（姓名、地址、存栏情况等），然后输入需要免疫的畜种、数量及耳标，最后选择防疫作业所需要的疫苗种类及数量。每一条接种信息都会形成免疫记录，进行溯源使用管理。

8.3　各级动物疫病预防控制中心要建立相应的牦牛疫苗储存保管管理制度。

附录A

（规范性）

口蹄疫疫苗注射使用

A.1 疫苗注射方法

A.1.1 疫苗使用前要充分振摇均匀成混悬液。

A.1.2 疫苗进行皮下或肌肉注射，口蹄疫OA型二价灭活疫苗12月龄～24月龄的牛每头注射0.5～1.0 mL，24月龄以上的牛每头注射1.0～2.0 mL，口蹄疫A型灭活疫苗和口蹄疫O型灭活疫苗成年牛2.0～3.0 mL，6月龄以下牛犊1.0～2.0 mL。经常发生口蹄疫的地区，每年注射2次。

A.2 注意事项

A.2.1 疫苗有效期12个月，不应使用过期疫苗。

A.2.2 注苗后的牦牛要控制14天，不得与猪接触，不得随意移动。

A.2.3 疫苗注射接种后，若有多数牛发生严重反应，应严格封锁，加强护理。

附录B

（规范性）

布鲁氏菌病活疫苗注射使用

B.1 布病S2活疫苗注射方法

B.1.1 疫苗使用时，加稀释液后会迅速溶解，应在当天内使用。

B.1.2 灌服疫苗，宜用封闭式投药枪灌服，每头牛口服5头份剂量，牦牛投药后1小时之内禁食，禁水。

B.2 布病S2活疫苗使用注意事项

B.2.1　有效期12个月，不应使用过期疫苗。

B.2.2　孕畜、乳畜、种畜不得接种疫苗。

B.2.3　拌水饮服或灌服时，应注意用凉水。若拌入饲料中，不应使用含有添加抗生素的饲料、发酵饲料或热饲料。

B.2.4　牦牛在接种前、后3日，应停止使用含有抗生素添加剂饲料和发酵饲料。

B.2.5　本疫苗对人有一定的致病力，使用时，应注意个人防护，做到穿鞋套防护服佩带 N95 口罩、防护眼镜、戴乳胶手套等。

附录C

（规范性）

牛多杀性巴氏杆菌病灭活疫苗（牛出败疫苗）注射使用

C.1　疫苗注射方法

C.1.1　疫苗使用时，要充分振摇，使上层的淡黄色澄明液体和下层的灰白色沉淀混匀成混悬液。

C.1.2　皮下或肌肉注射疫苗应剪毛消毒，体重 100 kg 以下的牛，每头 4.0 mL；体重 100 kg 以上的牛，每头 6.0 mL。

C.2　注意事项

C.2.1　有效期12个月，不应使用过期疫苗。

C.2.2　不应冻结疫苗，如果疫苗冻结，不应使用。

C.2.3　疫苗接种后，个别牛可能出现过敏反应，应注意观察，必要时采取注射肾上腺素等脱敏措施抢救。

C.2.4　病弱牛、食欲或体温不正常的牛、怀孕后期的牛，均不宜接种该疫苗。

附录D

（规范性）

牛炭疽疫苗注射使用

D.1 疫苗注射方法

D.1.1 无荚膜炭疽芽孢疫苗注射方法

D.1.1.1 性状：疫苗静置后，上层为透明液体，下层为灰白色沉淀，振摇后呈均匀混悬液。

D.1.1.2 用法与用量：皮下注射。1岁以上牦牛每头1.0 mL；1岁以下牦牛每头0.5 mL。

D.1.2 Ⅱ号炭疽芽孢疫苗注射方法

D.1.2.1 使用前，充分摇匀，振摇后呈均匀混悬液。

D.1.2.2 皮内注射时每头0.2 mL，皮下注射时每头1.0 mL。

D.2 注意事项

D.2.1 无荚膜炭疽芽孢疫苗注意事项

D.2.1.1 宜秋季使用，在牲畜春乏或气候骤变时，不应使用。

D.2.1.2 接种时，应做局部消毒处理。

D.2.1.3 贮藏与有效期：2～8℃保存，有效期为24个月。

D.2.2 Ⅱ号炭疽芽孢疫苗注射注意事项

D.2.2.1 宜秋季使用，在牲畜春乏或气候骤变时，不应使用。

D.2.2.2 接种时，应作局部消毒处理。

D.2.2.3 在2～8℃保存，有效期为24个月。

附录E

（规范性）

牛病毒性腹泻/黏膜病疫苗注射使用

E.1　采用猪瘟活疫苗预防牦牛病毒性腹泻/黏膜病

E.1.1　疫苗注射方法

肌肉或皮下注射。应剪毛消毒，按每头牛5头份注射。

E.1.2　注意事项

E.1.2.1　疫苗在-15℃以下保存，有效期24个月。

E.1.2.2　牦牛春乏或气候骤变时，不应使用该疫苗。

E.2　牛病毒性腹泻/黏膜病灭活疫苗（1型，NM01株）

E.2.1　疫苗注射方法

E.2.1.1　主要成分：含灭活的1型牛病毒性腹泻NM01株。

E.2.1.2　性状：乳白色或淡粉红色粘滞性均匀乳状液。

E.2.1.3　用法与用量：肌肉注射。3月龄以上健康牛，每头接种2毫升，21天后以相同剂量进行二免。

E.2.2　注意事项

E.2.2.1　接种后个别牛可能出现过敏反应，可用肾上腺素治疗。

E.2.2.2　疫苗2～8℃保存，有效期18个月。保存时尽量避免摇动，避免日光直射。

E.2.2.3　使用前应仔细检查，如发现瓶体破裂，没有瓶签，疫苗中混有杂质，疫苗油水严重分层等不得使用。

E.2.2.4　怀孕后期或临产牛慎用。

E.2.2.5　屠宰前21天禁用。

附录 F

（规范性）

牛副伤寒灭活疫苗注射使用

F.1　疫苗注射方法

F.1.1　疫苗肌肉注射，注射部位须剪毛消毒。

F.1.2　每年5～7月份，进行疫苗免疫接种。

F.1.3　灭活疫苗用量牛犊每头1.0 mL，成年牛或青年牛每头2.0 mL。为提高免疫效果，对成年牛在第一次接种10天后用相同剂量再注射一次。

F.2　注意事项

F.2.1　疫苗在2～8℃保存，有效期12个月。

F.2.2　疫苗注射后，有些牛出现轻微的体温升高、减食、乏力等症状，1～2天后可自行恢复，极个别牛在注射后20～120分钟出现流涎、颤抖、喘息、卧地等过敏反应症状，轻微者可自行恢复，较重者应及时注射肾上腺素等。

F.2.3　在已发生牛副伤寒的畜群中，可对2～10天龄的牛犊进行接种，每头1.0 mL。

F.2.4　孕牛应在产前45～60天时接种，所产牛犊应在30～45天龄时再进行接种。

附录 G

（规范性）

牛肉毒梭菌中毒症灭活疫苗注射使用

G.1　疫苗注射方法

G.1.1　主要成分：本品含灭活的 C 型肉毒梭状芽孢杆菌和 C 型肉毒梭菌类毒素。

G.1.2　性状：静置后，上层为棕黄色澄明液体，下层为灰白色沉淀，振摇后呈均匀混悬液。

G.1.3　用法与用量：皮下注射。常规疫苗：每头牛 10.0 mL；透析培养疫苗：每头牛 2.5 mL。

G.2　注意事项

切忌冻结，冻结的疫苗不应使用。

附录 H

（资料性）

牦牛常用疫苗管理表格

表 H.1 给出了牦牛常用疫苗入库单。表 H.2 给出了牦牛常用疫苗出库单。表 H.3 给出了牦牛常用疫苗报损单。表 H.4 给出了牦牛常用疫苗保管台账。表 H.5 给出了牦牛常用疫苗库温度记录。

表 H.1　牦牛常用疫苗入库单

入库单位：　　　　　　　　　　　　　年　　　月　　　日

编号	疫苗名称	规格	单位	生产厂家	批号	有效期至	入库数量	备注
保管人员：　　　　　验收人：　　　　　交库人：								
注：本单一式三联，一联存根，二联计调，三联统计。								

表H.2　牦牛常用疫苗出库单

出库单位：　　　　　　　　　　　　　　年　　月　　日

编号	疫苗名称	规格	单位	生产厂家	批号	有效期至	出库数量	备注

保管人员：　　　　发货人：　　　　　　领货人：

注：本单一式三联，一联存根，二联发货，三联统计。

表H.3　牦牛常用疫苗报损单

年　　月　　日　　　　　　　第　　　号

编号	疫苗名称	规格	生产厂家	批号	报损数量	报损原因	备注

报损申请人：　　　　　　　　年　　月　　日

领导意见：
签字：　　　　　　　　　　　年　　月　　日

注：本单一式三联，一联存根，二联主管部门，三联仓库保管。

表H.4　牦牛常用疫苗保管台账

保存温度：　存放地点：　第　页

日期	疫苗名称	生产厂家	规格	生产批号	单位	入库数量	出库数量	库存数量	有效期至	备注

表 H.5 牦牛常用疫苗库温度记录

日期	时间	温度		冷库运转情况	责任人
		冷冻库	冷藏库		

附录三 规模牦牛场生物安全管理技术规范

前 言

本文件按照GB/T 1.1-2020《标准化工作导则第一部分：标准化文件的结构和起草规则》的规定起草。

本文件由青海省农业农村厅提出并归口。

本文件由青海省动物疫病预防控制中心起草。

本文件主要起草人：傅义娟、应兰、炊文婷、张燕、胡广卫、李秀英、林元清、拉华、李金元、张总超、多杰才旦、王录和、刘宝汉、赵永唐、顾冬花、赵维章。

本文件由青海省农业农村厅监督实施。

规模牦牛场生物安全管理技术规范

1　范围

本文件规定了规模牦牛场生物安全管理的各项技术内容。本文件适用于省内规模牦牛场的生物安全管理。

2　规范性引用文件

下列文件中的内容通过文中的规范性引用而构成本文件必不可少的条款。其中，注日期的引用文件，仅该日期对应的版本适用于本文件；不注日期的引用文件，其最新版本（包括所有的修改单）适用于本文件。

GB 5749　生活饮用水卫生标准

GB 13078　饲料卫生标准

GB 18596　畜禽养殖业污染物排放标准

NY/T 1168　畜禽粪便无害化处理技术规范

NY/T 1952　动物免疫接种技术规范

3　下列术语和定义

下列术语和定义适用于本文件。

3.1　生物安全

为了阻断病原体（病毒、细菌、真菌、寄生虫等）侵入动物群体，保证动物健康安全而采取的一系列疫病综合防控措施。

3.2　无害化处理

用物理、化学或生物学等方法处理带有或疑似带有病原体的动物尸体、动物产品或其他物品，达到消灭传染源，切断传染途径，破坏毒素，保障人畜健康安全。

4 生物安全管理

4.1 组织管理

4.1.1 规模牦牛场应成立生物安全管理小组，小组成员职责明确。

4.1.2 根据养殖场实际，结合周边区域疫病流行情况对周边环境、防疫管理、人员管理、物流管理、消毒措施等各种潜在风险因素每年至少开展1次风险评估，根据评估结果，提出改进措施。

4.2 制度管理

4.2.1 生物安全管理小组负责生物安全制度的制定、落实、检查和考核。

4.2.2 针对生物安全管理的各个环节，制定包括消毒制度、病死牛及其产品无害化处理制度、投入品使用管理制度、疫病免疫计划、疫病监测计划、疫情报告制度、人员管理及培训等制度。

4.2.3 场内所有人员应严格执行各项制度，并做好相关记录。

4.3 人员管理

4.3.1 养殖场应配备与其养殖规模相适应的专业兽医，并定期参加相关培训。

4.3.2 对管理人员和生产岗位人员每半年进行1次生物安全知识培训，提高生物安全意识。

4.3.3 外来人员禁止进入生产区，必要时按程序批准、登记并经消毒后入内。

4.3.4 本场负责诊疗、配种、免疫的人员，工作前后均应消毒，不得对外开展诊疗、配种和免疫工作。

4.3.5 所有生产人员应当持有效健康证明，患有布鲁氏菌病、结核病等人畜共患病的人员应调离生产岗位。

4.4 场区管理

4.4.1 实行区域化管理，生产区内净道、污道分设。

4.4.2 生产区不得同时饲养其他动物。

4.4.3 及时清理场区垃圾及杂物，保持环境卫生整洁。

4.5 牛群管理

4.5.1 根据牦牛性别、年龄、生理状况、草场面积、牦牛数量等因地制宜合理组群和放牧。

4.5.2 放牧草场周边设立网围栏或修建围墙，发现漏洞及时修补，防止本场牦牛与其他牦牛接触。

4.5.3 防止野生动物与本场牦牛接触。

4.6 饲草料及饮水管理

4.6.1 饲草料在储存过程中应防止霉变、虫害及病原微生物污染。

4.6.2 饲草棚有防鼠、防鸟和防虫媒设施。

4.6.3 饲料的卫生标准应符合GB 13078的要求。

4.6.4 定期检测饮用水质，水质检测符合GB 5749的要求。

4.7 无害化处理

4.7.1 及时清理牛舍粪污，粪污堆放及处理符合NY/T 1168的要求，粪污排放符合GB 18596的标准。

4.7.2 对病死牛及其产品做无害化处理，并做好处理记录。

4.8 引种管理

4.8.1 建立引种管理制度并记录完整。

4.8.2 引进的种牛和精液应具备动物检疫合格证。

4.8.3 引进种牛应隔离观察45天，对口蹄疫、布鲁氏菌病、结核病等疫病进行病原学检测，结果为阴性方可混群饲养。

4.9 消毒管理

4.9.1 严格执行消毒管理制度和消毒操作程序，做好消毒记录。

4.9.2 合理选择消毒剂，并交替使用。

4.9.3 定期更换车辆消毒池内的消毒液，使其持续有效。

4.9.4 定期对场区道路及牛舍内部环境进行消毒，在疫病多发季节增加消毒频次。

4.9.5 运输牛只、饲料、垫料的车辆，在装卸前后进行清洗和消毒。

4.10　防疫管理

4.10.1　免疫

4.10.1.1　牦牛场应根据本场疫病流行特点，制定合理的免疫程序，并加施免疫标识、建立免疫档案。

4.10.1.2　选用经农业部批准的正规生产厂家的疫苗，免疫接种方法按NY/T 1952进行。

4.10.1.3　对牦牛实施口蹄疫强制免疫，不应对种牛进行布鲁氏菌病免疫。

4.10.2　监测与净化

4.10.2.1　配合当地动物疫病预防控制机构开展动物疫病监测采样、流行病学调查等工作。

4.10.2.2　根据本场实际制定疫病监测计划并开展监测工作，掌握疫病发生情况及疫苗免疫效果，适时调整疫病防控策略。

4.10.2.3　制定结核病、布鲁氏菌病等主要疫病净化方案，对检测出的阳性牛进行扑杀和无害化处理。

4.10.3　驱虫

选择广谱、高效、低毒的驱虫药定期驱杀牦牛内、外寄生虫。

4.10.4　健康巡查

定期巡查牛群健康状况，对病牛做到早发现、早隔离、早诊治。

4.10.5　疫情报告

发现可疑疫情，立即采取隔离病牛、消毒场地等控制措施，并及时向所在地农业农村主管部门或动物疫病预防控制机构报告。

5　记录

5.1　建立免疫、监测、诊疗、疫情报告、投入品使用、病死牛无害化处理、消毒等工作记录。

5.2　妥善保管所有记录，保存期不少于3年。

附录四　适度规模化牦牛养殖疫病防控规范

前　言

本标准附录A为资料性附录。

本标准依据GB/T1.1—2009给出的规定进行编写。本标准由四川省农业厅提出并归口。

本标准由四川省质量技术监督局批准。

本标准起草单位：四川大学、四川省草原科学研究院起草。

本标准起草人：杨鑫、曾凡亚、王红宁、罗晓林、安添午、杨江、田益明。

适度规模化牦牛养殖疫病防控规范

1 范围

标准规定了适度规模化牦牛育肥场疫病防控要求。

2 规范性引用文件

下列文件对于本文件的应用是必不可少的。凡是注日期的引用文件，仅所注日期的版本适用于本文件。凡是不注日期的引用文件，其最新版本（包括所有的修改单）适用于本文件。

GB 16548-2006 病害动物和病害动物产品生物安全处理规程

NY/T 472-2013 绿色食品 兽药使用准则

NY/T 1167-2006 畜禽场环境质量及卫生控制规范

DB 513300/T02-2010牦牛主要疫病防治技术规范

DB 51/T782-2008家畜炭疽防治技术规范

3 术语与定义

下列术语与定义适用于本标准。

3.1 适度规模化牦牛养殖场

存栏量在300～500头的牦牛养殖场。

3.2 牦牛病毒病

牦牛病毒性疾病主要包括口蹄疫、牛病毒性腹泻等。

3.3 牦牛细菌病

牦牛细菌性疾病主要包括炭疽、出血性败血症、牛犊副伤寒等。

3.4 牦牛寄生虫病

牦牛体表寄生虫病主要包括螨虫病、皮蝇蛆病，体内寄生虫主要包括消化道线虫病、肺线虫病、片形吸虫病。

4 引进牦牛的防疫要求

4.1 牦牛必须从非疫区引进，须取得《检疫证明书》，经当地兽医机构检查，认为是健康牛方可调入。

4.2 引进的牦牛应具有档案和预防接种记录，且包括有国家规定的强制预防接种项目。

4.3 运输过程中，禁止在疫区停留装填草料、饮水及其他物资。

4.4 进入养殖场的牦牛需在养殖场隔离区观察15天，在此期间进行检疫，经检查确认健康牛可进入生产场供集中育肥使用。

5 消毒

5.1 消毒前的准备

5.1.1 消毒剂使用前先清扫卫生。养殖场圈舍环境卫生质量必须符合NY/T 1167-2006规定。

5.1.2 使用消毒剂前应充分了解消毒剂的特性，结合季节、天气，制定消毒程序。应结合疫病流行情况选择不同的消毒剂定期轮换使用。

5.1.3 消毒剂必须现配现用。消毒剂混合使用时注意配伍禁忌。

5.2 消毒程序

5.2.1 空舍的消毒

空舍熏蒸消毒见附录A。

5.2.2 新进牦牛的隔离消毒

新进牦牛的隔离消毒见附录A。

5.2.3 牦牛集中养殖的消毒

牦牛集中养殖消毒见附录A。

5.2.4 其他设施和人员的消毒

对饲养人员、场地设施、外来人员、运输车辆等消毒见附录A。

6 病毒病的防治

6.1 免疫

6.1.1 疫苗的选择

疫苗的选择应遵照相关法律法规的规定，并根据当地及周边近年的疫病流行情况执行疫苗免疫。使用疫苗应符合《中华人民共和国兽用生物制品质量标准》规定。

6.1.2 疫苗的运输和贮藏

6.1.2.1 疫苗的运输和贮藏应有完善的管理制度。

6.1.2.2 在运输、贮藏过程中，必须按疫苗保存要求进行运输、贮藏。

6.1.2.3 疫苗的入库和发放必须做好详细的记录、记载。

6.1.3 免疫程序

牦牛养殖场根据抗体监测水平制定免疫程序。

6.1.4 免疫操作

6.1.4.1 免疫方式、免疫剂量严格按照疫苗说明书进行。注射免疫时，针筒排气溢出的疫苗应吸于酒精棉球上，使用的酒精棉球和废弃的疫苗空瓶应集中进行无害化处理。

6.1.4.2 免疫后，疫苗的使用单位及个人应对使用的每批次疫苗留样，并至少保存半年。

6.1.4.3 凡因破损、疫苗变色、过期等问题不能使用的疫苗，均应进行高温消毒处理，避免随意到处乱扔。

6.1.5 免疫监测

在首免10～15天之后、二免7天之后分别进行抗体水平检测，评估免疫效果制订有效的免疫程序。

6.2 诊断及应急处理

6.2.1 临床诊断

根据临床病征进行初步判定。

6.2.2 实验室诊断

将病变样品送到有资质的实验室进行。用于诊断的兽药应符合 NY/472-2013、《中华人民共和国兽用生物制品质量标准》、《兽药质量标准》、《兽药管理条例》的规定。

6.2.2.1 病原学诊断

对样品进行病原分离鉴定和PCR/RT-PCR鉴定。

6.2.2.2 血清学鉴定

对血清样品进行酶联免疫吸附（ELISA）检测。

6.2.3 应急处理

6.2.3.1 对发病区域内及使用过的设备、用具和工作服等进行消毒处理。

6.2.3.2 发病牦牛立即隔离，并按照诊断结果用相应的疫苗或药物进行治疗。

6.2.3.3 病死牦牛按照GB 16548-2006进行处理。

7 细菌病的防治

7.1 疫苗

用于牦牛免疫预防的疫苗要求同本标准6.1。

7.2 药物使用

7.2.1 所用兽药应来自具有《兽药生产许可证》和产品批准文号的生产企业或者具有《进口兽药许可证》的供应商，不得使用《食品动物禁用的兽药及其化合物清单》中所列的药物和其他禁用兽药或人用药物，禁止使用未经国家畜牧兽医行政管理部门批准作为兽药使用的药物。

7.2.2 根据药敏试验结果选择最合适的药物以及用量。

7.3 常见细菌病的治疗及处理方法

7.3.1 炭疽病

按照DB51/T 782-2008规定执行。

7.3.2 出血性败血症病、牛犊副伤寒、布鲁氏菌病

按照DB 513300/T 02-2010规定执行。

8 寄生虫病的防治

8.1 预防性驱虫：牦牛引进后即在隔离舍进行一次预防性驱虫，随后在每年5～6月和11～12月分别驱虫一次。丙硫苯咪唑（20 mg/kg体重），口服；或伊维菌素（0.2 mg/kg），皮下注射。

8.2 治疗性驱虫

8.2.1 片形吸虫病

选用氯氰碘柳胺盐或肝蛭净，使用剂量和方法见药物说明书。

8.2.2 消化道和呼吸道线虫病

选用左旋咪唑、丙硫咪唑、或伊维菌素，使用剂量和方法见药物说明书。

8.2.3 皮蝇蛆和螨虫病

选用伊维菌素或氯氰碘柳胺盐，使用剂量和方法见药物说明书。

8.3 使用口服驱虫药物驱虫时，应在早晨空腹时投药，并在饮水中加速溶多维。

8.4 驱虫后，收集使用药物24小时内的粪便，作无害化处理。

9 疫病的控制和扑灭

9.1 若出现牦牛死亡，应及时进行无害化处理。

9.2 若出现疑似重大传染病，应及时向当地动物疫控机构报告。

9.3 若疫情得到确诊，应协助动物疫控机构按照有关规定采取严格的封锁、隔离、扑杀等措施。

10 养殖档案

建立养殖档案，记录以下内容：牦牛发病、死亡和无害化处理情况；治疗用药、疫苗免疫、消毒情况等。所有记录应在清群后保存两年以上。

附录A

（资料性附录）

牦牛规模化养殖场消毒程序

消毒种类	消毒对象	消毒措施
日常卫生		每天清扫圈舍2次，保持圈舍、料槽、水槽等用具干净。
环境消毒	消毒池	养殖场入口处设置消毒池，内置2%烧碱，消毒液深度不小于15 cm，并配置低压消毒器械，对进场车辆使漂白粉进行消毒。每个消毒池3~4天更换一次消毒液，并保持其有效浓度。 圈舍入口处的消毒池使用2%烧碱，每周更换2次~3次消毒液。进出人员脚踏消毒液时间至少1分钟。
	场区道路	用10%漂白粉，每周喷洒消毒至少2次。
	排粪沟、下水道	排粪沟、下水道、污水池定期清除干净，用生石灰每周至少消毒1次。
人员消毒	工作人员	①工作人员进入生产区须经踏踩消毒垫，消毒液洗手或洗澡，更换经紫外灯照射过的工作服、胶鞋或其他专用鞋等，方可进入。进出圈舍时，双脚踏入消毒池，并至少停留1分钟，并使用1%新洁尔灭洗手消毒。 ②进出不同圈舍应换穿不同的橡胶长靴，将换下的橡胶长靴洗净后浸泡在另一消毒槽中，并洗手消毒。工作服、鞋帽于每天下班后挂在更衣室内，紫外线灯照射消毒。
	外来人员	严禁外来人员进入生产区，经批准后按消毒程序严格消毒才可入内。
器具消毒		养殖过程中所需使用的所有器具均使用0.39%新洁尔灭擦洗。

续表

圈舍消毒	空舍	新进牦牛前半个月用福尔马林与高锰酸钾密封熏蒸消毒，熏蒸24 h以后，开窗通风。
	牦牛集中养殖的消毒/新进牦牛的隔离消毒	用10%的癸甲溴铵按1∶150比例稀释，一周2次消毒，喷雾量30 mL/m³；或2%戊二醛1∶200比例稀释，一周3次消毒，喷雾量30 mL/m³。
疫源地消毒		在发生疫情的圈舍，用10%的癸甲溴铵1∶150比例稀释，喷雾量30 mL/m³，一周2次消毒，或2%戊二醛1∶100比例稀释，喷雾量30 mL/m³，一周3次消毒。
其他	运输车辆消毒	进出养殖场的运输车辆，车身、车厢内外和底盘都要进行喷洒消毒，选用对车体涂层和金属部件不损伤的消毒药物，如过氧化物类消毒剂、含氯消毒剂、酚类消毒剂等。
	进场物品消毒	进入场区的所有物品，根据物品特点选择适当形式进行消毒。如紫外灯照射，消毒液喷雾、浸泡或擦拭等。
	污水消毒	每升污水用2～5 g漂白粉消毒。
	粪便消毒	稀薄粪便注入发酵池或沼气池、干粪堆积发酵。
	病死牛消毒	按照GB 16548进行无害化处理。